版权声明

Helping the Suicidal Person: Tips and Techniques for Professionals, 1st edition by Stacey Freedenthal

Copyright © 2018 by Stacey Freedenthal

Authorised translation from the English language edition published by Routledge, a member of the Taylor & Francis Group, LLC.

All rights reserved. No part of this book may be reprinted or reproduced or utilised in any form or by any electronic, mechanical, or other means, now known or hereafter invented, including photocopying and recording, or in any information storage or retrieval system, without permission in writing from the publishers.

Copies of this book sold without a Taylor & Francis sticker on the cover are unauthorised and illegal.

保留所有权利。非经中国轻工业出版社"万千心理"书面授权，任何人不得以任何方式（包括但不限于电子、机械、手工或其他尚未被发明或应用的技术手段）复印、拍照、扫描、录音、朗读、存储、发表本书中任何部分或本书全部内容，以及其他附带的所有资料（包括但不限于光盘、音频、视频等）。中国轻工业出版社"万千心理"未授权任何机构提供源自本书内容的电子文件阅览、收听或下载服务。如有此类非法行为，查实必究。

| 自杀救助实用系列 |

Helping the Suicidal Person
Tips and Techniques for Professionals

自杀干预实用技术
帮助有自杀倾向的人

[美] 斯泰茜·弗里登瑟尔（Stacey Freedenthal）／著

李 飞　刘川平　杨涵舒 等／译

李 飞／审校

中国轻工业出版社

图书在版编目（CIP）数据

自杀干预实用技术：帮助有自杀倾向的人／（美）斯泰茜·弗里登瑟尔（Stacey Freedenthal）著；李飞等译. —北京：中国轻工业出版社，2024.8
ISBN 978-7-5184-4964-4

Ⅰ.①自⋯ Ⅱ.①斯⋯②李⋯ Ⅲ.①自杀－心理干预 Ⅳ.①B846

中国国家版本馆CIP数据核字（2024）第094102号

责任编辑：朱胜寒　　　　　责任终审：张乃柬
文字编辑：朱胜寒　李若寒　责任校对：刘志颖
策划编辑：李若寒　　　　　责任监印：吴维斌

出版发行：中国轻工业出版社（北京鲁谷东街5号，邮编：100040）
印　　刷：三河市鑫金马印装有限公司
经　　销：各地新华书店
版　　次：2024年8月第1版第1次印刷
开　　本：710×1000　1/16　印张：21
字　　数：300千字
书　　号：ISBN 978-7-5184-4964-4　定价：86.00元

读者热线：010-65181109
发行电话：010-85119832　　010-85119912
网　　址：http://www.chlip.com.cn　http://www.wqedu.com
电子信箱：1012305542@qq.com

版权所有　侵权必究

如发现图书残缺请拨打读者热线联系调换
231081Y2X101ZYW

推　荐　序

接到为本书写序的邀请，倍感荣幸。虽然主题沉重，但这是一本临床操作性很强的书。感谢译者们所做的贡献，为国内自杀干预领域又增添一个有力工具，帮助努力奋战在精神卫生工作一线的专业人士们，也帮助痛苦徘徊在自杀边缘的迷茫者们。

随着人类早已告别"传染病时代"，逐步突破"富贵病时代"，在我们所生活的21世纪，由于温饱得到满足、精神追求需求增多，同时社会节奏加快、生活压力增大，人们已经步入"精神病时代"。自杀率在全球范围内持续上升，自杀成为一个世界性难题。自杀虽然是一个古老的主题，但近代才被视为行为问题并纳入医疗帮助范围。徘徊在自杀边缘的迷茫者们，虽然让他们想到和选择自杀的原因千差万别，但论及成因、机制、过程与干预策略，还是有共同的规律和方法可循。

随着公共卫生和精神医学等领域对自杀现象的关注和研究日益增加，有关自杀干预的专业书籍已有很多，但这一本独具特色。本书基于作者多年的经验，以自杀干预技巧的方式，将理解和帮助自杀患者的过程和内容深入浅出地分成了多个具体的小主题。同时，基于循证推荐，简洁明了地给出每个小主题的操作性建议，通俗易懂、十分落地，是一本难得的实操手册。对于工作繁忙的精神卫生从业人员来说，易于学习阅读，也方便随时检索。有此一本，帮助极大。

本书的主要译者，李飞老师，是我在湘雅的同门师弟——中南大学湘雅医学院精神医学名师张亚林教授的弟子。说起来他其实比我年龄大，只是先工作了，入师门晚。我们还是2009年第三届德中心理治疗研究院认知行为治疗连续培训项目（简称"中德班"）的同学，现在我们都已是中德班认知行为治疗组的中方教师。李飞老师对心理治疗，尤其是认知行为治疗，十分热爱和执着。他自从学习了认知行为治疗，就长期专心致志做这一件事，心无旁骛，这一点十分令人佩服。他不仅坚持学习并长期在一线做心理咨询和心理治疗，而且认真做培训、督导，这些年也翻译了多本优质的心理治疗书籍。在自杀方面，之前他已经翻译了美国贝克研究所的《自杀患者的认知治疗：研究与应用》*（Cognitive Therapy for Suicidal Patients: Scientific and Clinical Applications），听说目前正在翻译另一本自杀相关的专业书。他是国内认知行为治疗的优秀的坚持者和传播者，为推动我国的认知行为治疗规范发展做出了贡献。

本书的读者不仅限于心理咨询和心理治疗的专业从业人员，相信本书对从事自杀相关工作的精神科医生、社会工作者、社会福利组织、妇女儿童保护组织、共青团、各种青少年帮助组织的相关工作人员以及来访者家属甚至本人，均有指导价值。

愿大家可以从中获益！愿大家看见，专业人士一直在努力。

南京医科大学附属脑科医院心理健康中心

王纯

2024年清明

---

* 本书的简体中文版由中国轻工业出版社于2023年出版。——译者注

译 者 序

一直以来，我都更倾向于翻译那些自己真正感兴趣的书籍，因为只有这样，我才能热情地投入时间进行翻译，也才能确保翻译的质量。所以当2023年1月中国轻工业出版社"万千心理"的李若寒编辑向我推荐这本关于自杀干预实用技术的书并询问我的翻译意愿时，我答应她先看一看。这本书共分为15章，每章包括4～9个技巧。正如作者在"关于本书"中所介绍的，本书为心理卫生专业人士提供了一个宝贵的工具箱。

与我之前翻译的《自杀患者的认知治疗：研究与应用》不同，这本书包括了来自各种理论和干预方法的技巧和技术，如认知行为治疗、辩证行为治疗、自杀的合作式评估和管理等。其中不仅包括那些经过研究证实的有效技术，也包含了还没有研究证明其有独立于其他技术的有效性的技术。对此，特别值得一提的是，由于自杀的特殊性，本书在最开始就明确地指出，一项技术缺乏有效性的证据与缺乏有效性是不一样的，例如，不需要也不能通过随机对照试验证明降落伞可以在有人跳出飞机时挽救生命。书中的说明令我进一步体会到，在救命这件事上，有效就是有效，不一定需要复杂的研究。这一点尤其打动我，令我觉得这是一本值得翻译的好书。

在翻译校对此书的过程中，我对书中所述的一些观点和做法深以为然。《心理咨询面谈技术》*（*Clinical Interviewing*）提道："我们认为，获得有效的临床面谈能力的最佳方式是学习者按顺序学习以下面谈技巧与程序：1.如何让

---

* 本书的简体中文版由中国轻工业出版社于2014年出版。——译者注

自己平静下来，关注来访者所表达的内容（而非关注你自己所想所感）……"这让我意识到，作为治疗师，我们需要了解是什么让我们不平静，从而让自己平静下来，更有效地与来访者交流。

本书的第一章首先让我们"理解自杀和自己"，反思可能引发不平静的因素，如对自杀的偏见、自己的自杀经历（或没有自杀经历）、担心来访者自杀、对有自杀倾向的人的负面情绪、想当"救世主"、和来访者一样绝望。在培训的时候我经常和学员讲，外科医生手里有刀，内科医生，包括精神科医生手里有药，我们治疗师手里有什么呢？有学员说，靠一张嘴。我说不止，应该包括治疗室及所处的环境、治疗师的想法、情绪、生理及行为反应。我们治疗的环境以及我们整个人都是我们的治疗工具。我们要把自己调整到对来访者最有利的状态。而与自杀的来访者工作，对工具的要求更高！督导时，我经常让受督者反思自己的行为和动机，如：让来访者签不自杀协议和打破保密协议，或建议来访者住院，是为了保护来访者还是保护治疗师啊？同样，当决定不突破保密或不建议来访者住院时，我也会问自己，我是否对来访者所面临的各种风险有全面的认识，我是否不相信其他，只相信自己？

第二章是让我们"克服禁忌"，直接面对自杀议题，因为有些专业人员担心询问来访者有没有自杀意念会增加来访者自杀的风险，或者在来访者说他有自杀意念后不知道怎么办。我有时会问受督者，假如来访者最终自杀了，是你问了这个问题的责任大，还是没问的责任大？事实上，有自杀意念已经让来访者和家属比较害怕了，如果专业人员也害怕，那就让他们更加恐慌了。我有个来访者说，他在湖南省脑科医院住院时，从医生和护士的眼睛里看到了对他自杀的恐惧。在他特别紧张的时候，我会让他看着我的眼睛，希望他从我的眼睛里看到我的镇定和关切，看到我没有被他的问题吓倒和淹没，看到我正在注意发生的一切。

第三章"'加入'有自杀倾向的人"和《自杀风险的评估与管理：一种合

作式的方法》*（*Managing Suicidal Risk: A Collaborative Approach*）中的观点相同，都强调了要与来访者的自杀状态共情，要"认可（validate）"他们想死的愿望，并认识到对某些想自杀的人来说，我们可能是他们的敌人。我们需要尽可能避免胁迫和控制，克制劝说或提供建议的冲动，了解一个人想死的原因，承认自杀是一种选择，而不是与来访者想自杀的部分敌对。

第四章"评估危险"里的技巧24（询问互联网使用情况）让人印象深刻，因为互联网已经成为许多人获取信息和支持的平台，包括那些可能正在经历精神痛苦或自杀意念的人。后面我面对有自杀风险的来访者，会特别重视了解他们是否在互联网上搜索过与自杀相关的信息，我都会问"您最近有没有在网上搜索过自杀？"另外，关于本章需要特别说明的是，技巧23（以及第七章对应的技巧40）未必适用于国内的情况——在我国，由于严格的枪支管制政策，除了警察和军人外，普通人不大可能获得枪支。但考虑到原书构成的完整性，在中文版中这部分依然保留，读者可按需选读或跳过。

第五章特别关注生存理由等保护性因素的评估，同时强调文化背景和信仰对个体的影响。一方面，在面临风险情况时，人们往往专注于探究是什么导致了风险，而忽略了"……一个很少被提出但很重要的问题，不是抑郁的来访者为什么想自杀，而是他们为什么想活下去。"另一方面，文化和信仰的影响可能是非常微妙的。比如，有些族裔的大学生在问卷中披露自杀想法的可能性要比其他人低（Morrison & Downey, 2000）。这就需要专业人员保持敏感性，避免"文化盲点"。

第六章"综合评估风险"里强调征求当事人自己对自杀风险的评估，根据经验，来访者可能对自己的情绪状态和心理状态有更深入的了解，凭借直接体验和感受，他们可能比外部评估者更能预测自己的行为。对于咨询记录，本章也强调，从法律意义上讲，如果没有记录下来，就等于没有发生。在评估自杀风险时，只要评估了，就要把它写下来，并最好记录来访者所讲的原话，

---

* 本书的简体中文版由中国轻工业出版社于2020年出版。——译者注

以便更准确地了解他们的内心感受和想法。同时，如果你评估了来访者没有自杀风险，但没有记录，后来来访者自杀了，也相当于没有评估。

本书的第七章与《自杀患者的认知治疗：研究与应用》及《自杀风险的评估与管理》中的观点一致，建议不要使用不自杀协议，并认为除了缺乏有效性，不自杀协议还可能会对来访者造成伤害。有研究表明，签订了"安全合同"的住院来访者比没有签订合同的来访者尝试自杀的可能性高5~7倍。与《自杀患者的认知治疗：研究与应用》中讲的一样，本书提到"在治疗师的职业生涯中，当处理高度自杀风险的来访者时，寻求同辈的顾问咨询比任何其他情况都更重要"。我注意到书里说的是寻求同辈的"咨询"，而不是"督导"，潜在的意思是不是治疗自杀来访者的治疗师本身就应该是很有经验的治疗师？永远不要一个人担心，要寻求支持！处理自杀来访者的工作具有极高的挑战性和风险性，需要经验丰富的治疗师相互支持和合作，比如辩证行为治疗（Dialectical Behavior Therapy，DBT）治疗师团队。

第八章强调了处理慢性自杀和急性自杀的不同，"对于慢性自杀的来访者，一般推荐用于治疗自杀者的方法是无效的，而且会产生反作用"。书中把急性和慢性自杀行为分别比作绝望危机和责任危机。急性自杀是一种有时间限制的危机，就像肺炎；慢性自杀是持久性的，就像糖尿病。对于处于急性自杀危机中的人，临床医生常常被要求采取控制措施，以保护来访者并挽救他们的生命（如Shneidman, 1996）。但对于慢性自杀者，治疗师往往需要放弃控制权并承担更多的风险，以防止退行、依赖和对自杀行为的强化（Paris, 2007）。因此，有慢性自杀倾向的人需要承担管理自己挑战的责任。另外，本章还强调了身体检查的重要性，对有自杀倾向的人要建议进行身体检查，因为一些身体情况会引发生精神症状，从而导致自杀意念和行为，或其他相关情况。

第九和第十章分别关注心理痛苦和动机，涉及的具体议题和技术在自杀干预的工作中都非常重要且常见。篇幅原因，这里不再一一展开说明。

第十一章的技巧61（头脑风暴出"选项列表"）也让人印象深刻，来访者说"我宁愿死也不愿流落街头"后,咨询师与来访者一起准备了一份选项清单。咨询师写下了两个选项:无家可归、自杀。他问来访者,"如果你还活着,最坏的情况是什么?"来访者说,"我一定会流落街头,只有做妓女才能活下去。"咨询师说"好的,记下它。"

  本书后面几章介绍了很多认知行为治疗、辩证行为治疗、积极心理学的方法和技巧,比如开展行为链分析等。其中技巧81(利用"可教时刻")也很特别,"可教时刻"是指来访者对改变的接受能力增强的短暂机会窗口。自杀未遂的直接后果通常就是一个这样的时刻。比如,来访者因故意服药过量后入院,感叹可能会因自杀未遂而失去住所。为了检查自杀未遂的得失,临床医生进行了共情,然后开始探究关键信息。来访者说,自杀尝试暂时缓解了心理痛苦,但失去的远远多于得到的——这种认识可以唤醒改变的动力。此外,还有很多好的技术和技巧,在这里就不再一一介绍。

  如上所述,在翻译和校对的过程中,我们每一个人都感觉收获了长足的成长。本书的具体翻译安排如下:正文前及第一至三章由李飞翻译,杨涵舒初校;第四至六章由王香玉翻译,李飞初校;第七至九章杨涵舒翻译,王香玉初校;第十、十一章由刘光亚翻译,刘川平初校;第十二、十三章由张玲翻译,刘光亚初校;第十四、十五章由刘川平翻译,张玲初校。在所有章节翻译初校完成后,由李飞进行通篇校对,再由刘川平校对,并对有疑问的地方进行标记;在正式提交翻译稿前由李飞再校对一遍,以确保翻译的准确性与完整性。在这里,要感谢所有为本书翻译和校对付出了辛勤劳动的人。当然,我们虽尽所能,但可能难免有纰漏与错误,恳请各位专家及广大同行批评指正。(笔者邮箱:332156936@qq.com。)

  最后,我想分享一个关于医患关系的故事。记得是在接受住院医生规范化培训的时候(我估计像我这个年龄有规培证的少),我在湘雅医院的心内科轮科。有一天晚上,我在病房值班,一个已经住院一个月的患者在上完厕所后突然喊胸口痛。我立刻意识到他可能又发生了心梗,于是我一边迅速进行处理,一边赶紧呼叫了当时的住院总(他现在已经是一位主任医师,博士研究生导师）。然而，虽然我们全力以赴，但仍然没能抢救过来。我们都感到非常难过。这时候，患者的儿子要求见他爸爸的主管医生——一位研究生。我们都为那位研究生感到紧张。当研究生匆匆赶来后，我们并不知道患者家属在房间里跟他说了什么。家属离开后，那位研究生说，患者的儿子没有责备他，也没有表现出激烈的情绪，只对他说了一句话："谢谢啊！"那一刻，那位研究生做了个刀扎心窝子的动作，说："就像有把刀扎在我心上。"

  作为医生，我们的职责是拯救生命，给予患者希望和安慰。我们不仅要面对疾病，还要面对人性的脆弱和情感的复杂。与有自杀倾向的人一起工作，我们肯定会担心，甚至焦虑，但我们不能恐惧。最坏的情况是什么呢？我认为，最坏的情况是曾与我们并肩战斗的人牺牲了。有时，我会跟那些自杀风险较高的来访者说："相对于自杀和你自杀后你家人找我的麻烦，我更不愿意你自杀。"我会尽我所能，记录好我所做的工作及反思，同时想想最好的和最现实的可能。

李飞
2024年4月5日 于长沙

本书献给所有在与自杀的战斗中失败的人、活下来的人以及仍在战斗的人。

致　　谢

　　感谢我过去和现在的来访者，他们教给我关于帮助自杀倾向者的知识，比任何书籍、课程或培训都多；感谢我在丹佛大学社会工作研究生院的学生，他们用他们的问题和贡献丰富了我的学习；感谢我亲爱的丈夫皮特（Pete）和我们的儿子伊恩（Ian），他们给了我巨大的支持、耐心和勇气；感谢我的母亲，她在我的一生中持续担任啦啦队长的角色；感谢我的父亲，他在去世前几周告诉我，他肯定我会写成这本书；感谢我的姐妹们，她们为我提供了成熟的建议；感谢我的朋友塔玛拉·萨特尔（Tamara Suttle），她也为我提供了非常需要的激励性建议，审阅了本书的提案，并对手稿的部分内容给予了反馈；感谢我的同事托马斯·埃利斯（Thomas Ellis），他在审查提案和手稿时慷慨地分享了他在自杀学方面的专业知识；感谢我的教练（coach）贝丝·瓦格尔（Beth Vagle），她帮助我在这个大项目中保持专注和动力；感谢我的编辑安娜·穆尔（Anna Moore），她让本书得以出版——感谢以上所有人以及其他未在此处提及姓名的人，感谢你们的支持。谢谢你们。

作者声明

出于性别中立的考虑,本书使用的代词"他们""他们的"均为泛指。作者使用的所有临床案例情景均为虚构,如有雷同,纯属巧合。

关 于 作 者

作为一名有执照的临床社会工作者，我在自杀预防领域拥有超过20年的经验。从1995年在达拉斯承担自杀热线咨询师的志愿工作开始，我曾与数百名考虑过自杀，尝试过自杀或经历过家人、朋友、其他重要他人自杀的人一起工作。我曾在精神病和医院急诊室、咨询中心以及心理治疗办公室工作。

在我的职业生涯中，几乎每个方面都以某种方式与自杀预防有关。作为一名心理治疗师，我的实践专注于帮助那些受自杀影响的人，无论他们是在与自杀想法做斗争、尝试自杀，还是他们所爱的人死于自杀。作为丹佛大学社会工作研究生院的副教授，我教授一门关于自杀评估和干预的课程，并对有自杀倾向的人的经历进行研究。我独立撰写或与人合撰了数十篇自杀相关主题（如自杀意图的测量、自杀青年的求助以及有自杀倾向的人的生存理由）的同行评审学术文章和会议报告。在个人网站上，我为有自杀倾向的人、他们的亲人以及帮助他们的专业人员撰写了数十篇文章。截至2017年1月，该网站平均每月有超过8万名访问者。

即便拥有多年的经验、研究和知识，我仍对自杀心理的奥秘感到谦卑。因此，我尽可能多地学习如何帮助那些受到自杀诱惑（有时是折磨）的人。我参加了许多培训和会议，阅读了无数关于预防自杀的文章和书籍，并通过阅读回忆录、小说和诗歌，让自己沉浸在有自杀倾向的人的头脑中。

这些努力让我学到了很多帮助有自杀倾向的人的知识，我也想与尽可能多的专业助人者分享我的知识——这本书就是我的成果——希望它能拓宽你的知识和技能领域，并积极地触动寻求帮助的有自杀倾向的人的生活。

前　言

每年，有数以万计的心理健康专业人员与表现出死亡意愿的人面对面交流。仅在美国，估计每年有1000万成年人和200万青少年严肃地考虑自杀（Substance Abuse and Mental Health Services Administration, 2005; Lipari et al., 2015）。其中，超过4万人死于自杀。自杀带来的破坏性影响是如此严重，因此自杀风险评估和干预的扎实培训及技能非常重要。即便如此，根据心理学家威廉·施米茨及其同事（William Schmitz et al., 2012）的调查，心理学、社会工作、咨询以及婚姻和家庭治疗的学校研究生教育中很少包括关于如何帮助有自杀倾向的人的培训。他们指出："评估自杀倾向的能力是一项基本的临床技能，却一直被学院、大学、临床培训场所和培养心理健康专业人员的许可机构忽视和排除"（p.294）。考虑到自杀造成的巨大损失，这一疏漏令人震惊。

这些教育方面的差距往往让专业人员很难回答有关帮助自杀风险者的关键问题：

- 治疗师可以说和做什么（以及不说和不做什么）来了解一个人是否在考虑自杀？
- 有哪些有效且敏锐的方法可以深入探究一个人的自杀愿望？
- 治疗师如何洞察有自杀倾向的人的风险水平？可以做些什么来帮助确保这个人的生存？
- 治疗师如何帮助有自杀倾向的人建设性地应对破坏性想法、重新发现希望、减轻引发自杀想法的痛苦、摆脱求死的愿望并建立复原力（resilience）？

本书的目的就是回答这些问题。

关 于 本 书

本书为心理健康专业人员提供了一个非常实用的工具箱。一些针对与自杀来访者工作的书籍主要聚焦于自杀风险评估，而不是治疗。那些超越风险评估的书通常要么是学术性的，要么是专注于单一理论或方法的准治疗手册，而忽略了许多其他丰富的技术。本书则有所不同。它用对话的风格为现实世界的实践提供了具体的建议。这里描述的技术可以应用到各种类型的治疗中，无论专业人员的理论取向是什么，也无论来访者是第一次、第十次还是第一百次参与会谈。每个技巧之后都有一个临床案例，少数是对技术的详细讲解。

这本书涵盖了帮助有自杀倾向的人的方方面面，从审视自己的个人经历和恐惧开始，逐步介绍了风险评估、安全计划和治疗计划等基本领域，然后提供了降低自杀风险、重建生存愿望的丰富技巧。这些技巧是根据在与来访者工作的过程中遇到的特定议题来排序的。例如，治疗师需要精通公开讨论自杀和发现自杀意念的技巧，以便进行可靠的风险评估，所以这些内容排在前面。关于帮助自杀未遂（suicide attempt）者的部分在本书的后面呈现，因为它并不适用于所有有自杀倾向的个体。

这些技巧和技术来自各种理论和干预方法，包括认知行为治疗、辩证行为治疗、接纳承诺疗法、基于正念的认知疗法、焦点解决治疗、问题解决治疗、自杀的合作式评估和管理以及自杀未遂的短程干预项目。其他技巧来自专业人员（包括我自己）多年的经验。

关于循证治疗的说明

心理健康专业人员被呼吁使用有效的技术。对于有自杀倾向的人，有效的治疗确实可以决定生与死。此外，稀缺和昂贵的资源使得使用具有既定有效性记录的干预措施变得非常重要。然而，在自杀预防中使用循证治疗，还受到现实世界的实践和研究的限制。

自杀研究是一项非凡的挑战。最重要的是，自杀的罕见性限制了我们研究它的能力。要检测一项干预措施是否可以在1年内将一般人群的自杀率降低15%，研究人员需要对1300万人进行干预（Gunnell & Frankel, 1994）。如果使用高风险样本，比如最近尝试自杀的人，需要的样本量则小得多。即便如此，这样的研究仍然需要4.5万人参与（Gunnell & Frankel, 1994）。

由于这些逻辑上的挑战，研究倾向于关注干预是否会减少自杀意念和自杀尝试，而不是自杀本身。一些治疗方法已经被证明可有效减少自杀意念或自杀尝试，包括认知行为治疗、辩证行为治疗、基于正念的认知疗法、问题解决治疗、自杀的合作式评估和管理以及自杀未遂的短程干预项目。理想情况下，治疗师将深入学习这些循证干预中的一种或多种，并遵守其指导方针。本书中的许多技巧和技术都来自这些既定的干预措施。

本书还包含一些技术，尚无研究证明它们独立于其他技术的有效性。许多建议只是常识。举几个例子：了解自己的偏见如何影响与有自杀倾向的人的工作；坦率地探索他们的自杀想法、计划和意图；以共情、肯定和真诚的理解给出回应；了解自杀想法的文化背景；寻求顾问咨询（consultation）。

一项技术缺乏有效性证据并不等于缺乏有效性。通常，这只是意味着干预措施尚未经过检验。可以考虑降落伞的例子。一篇讽刺（但实事求是）的研究文献巧妙地指出，没有随机对照试验证明降落伞可以在有人跳出飞机时挽救生命（Smith & Pell, 2003）。在这件事上，现实世界的经验优先于研究的缺乏。许多降低自杀风险的技术也存在相同的情况。

即使存在有效性的证据，人们也常常不遵从研究结果的预测。干预是否有助于特定来访者，由治疗师自己监控。毕竟，在随机对照试验和对大量数据进行复杂统计分析的研究领域中，个体的结果被认为是最不重要的有效性证据；但对那个人来说，恰恰是最重要的。

对"自杀"的注释

为简洁起见，我在整本书中都使用"有自杀倾向的（suicidal）"一词来描述想结束自己生命的人。自杀是有程度之分的。在连续谱的一端，人们偶尔有自杀想法并立即否决；在另一端，人们被自杀的冲动所吞噬，以至于离结束生命只有片刻之遥。每个自杀的人都需要一个安全和非评判性的空间来讨论自杀愿望（技巧8—18）并进行全面的自杀风险评估（技巧19—33）。除此之外，要使用的技巧和技术取决于该个体在自杀连续谱上的位置。

一个明确打算要在今天自杀的人无法制作希望工具包（技巧64）、提出应对性陈述（技巧69）或练习正念（技巧74）。相反，治疗师会将希望专注于保持此人的安全，无论是通过住院治疗（技巧35）、安全计划（技巧38）、从家中移除枪支（技巧40），还是减少接触其他自杀方法的途径（技巧41），或这些措施的某种组合。如果不存在自杀的极端风险，议程将转向计划治疗（技巧44—50）、减少心理痛苦（技巧51—54）、利用个体对自杀的矛盾心理（技巧55—59）、创造希望（技巧60—65）、帮助改变或化解自杀想法（技巧66—72）、强化应对技能（技巧73—76），并努力预防再一次自杀危机（技巧85—89）。

简而言之，本书描述了帮助处于自杀连续谱上的所有个体的技巧和技术，但并非所有技巧都适合每个人。治疗师应该根据来访者的独特需求和情况使用这些技术。

参 考 文 献

Gunnell, D., & Frankel, S. (1994). Prevention of suicide: Aspirations and evidence. *British Medical Journal, 308*(6938), 1227−1234.

Lipari, R., Piscopo, K., Kroutil, L. A., & Miller, G. K. (2015). Suicidal thoughts and behavior among adults: Results from the 2014 National Survey on Drug Use and Health. *NSDUH Data Review*. Rockville, MD: Substance Abuse and Mental Health Services Administration.

Schmitz, W. M., Allen, M. H., Feldman, B. N., Gutin, N. J., Jahn, D. R., Kleespies, P. M., ... & Simpson, S. (2012). Preventing suicide through improved training in suicide risk assessment and care: An American Association of Suicidology task force report addressing serious gaps in US mental health training. *Suicide and Life-Threatening Behavior, 42*(3), 292−304.

Smith, G. C., & Pell, J. P. (2003). Parachute use to prevent death and major trauma related to gravitational challenge: Systematic review of randomised controlled trials. *British Medical Journal, 327*(7429), 1459.

Substance Abuse and Mental Health Services Administration. (2005). Suicidal thoughts among youths aged 12 to 17 with major depressive episode. *The NSDUH Report: National Survey on Drug Use and Health*. Rockville, MD: Author.

目　录

第一章　理解自杀和自己 ……………………………………… 1
技巧1：反思你对自杀的偏见 ………………………………… 1
技巧2：评估你的自杀经历（或没有自杀经历）…………… 5
技巧3：直面"自杀焦虑" ……………………………………… 10
技巧4：警惕对有自杀倾向的人的负面感受 ……………… 13
技巧5：拒绝"救世主"的角色 ……………………………… 17
技巧6：保持希望 ……………………………………………… 20

第二章　克服禁忌 ……………………………………………… 24
技巧7：直面你的恐惧 ………………………………………… 24
技巧8：直接询问自杀想法 …………………………………… 28
技巧9：获取敏感信息的技术 ………………………………… 31
技巧10：采用叙事方法——"自杀的故事讲述" …………… 35
技巧11：也询问自杀的意象 …………………………………… 39
技巧12：揭开对住院的恐惧和其他披露的障碍 …………… 42

第三章　"加入"有自杀倾向的人 …………………………… 45
技巧13：认识到，对于某些人来说，你是敌人 …………… 45
技巧14：尽可能避免胁迫和控制 ……………………………… 48
技巧15：克制劝说或提供建议的冲动 ………………………… 51

技巧16：了解一个人想死的原因 ·· 54
技巧17："认可"想死的愿望 ·· 57
技巧18：承认自杀是一种选择 ·· 59

第四章 评估危险 ·· 61

技巧19：收集有关自杀想法和行为的其余要点 ························ 61
技巧20：了解先前的自杀危机——CASE 方法 ························ 69
技巧21：谨慎使用标准化问卷 ·· 71
技巧22：比风险因素更重要的警告信号 ······························· 75
技巧23：筛查获得枪支的途径 ·· 79
技巧24：询问互联网使用情况 ·· 81
技巧25：调查杀人意念 ··· 83
技巧26：从家人、专业人士和其他人那里收集信息 ················· 86

第五章 评估保护性和文化因素 ··· 90

技巧27：审视生存理由 ··· 90
技巧28：识别其他保护因素 ··· 94
技巧29：关注文化 ·· 97
技巧30：调查自杀的宗教和心灵观点 ································· 103

第六章 综合评估风险 ·· 106

技巧31：征求来访者对自杀风险的自我评估 ························ 106
技巧32：评估自杀的急性风险 ·· 109
技巧33：估计自杀的慢性风险 ·· 114
技巧34：大量记录 ··· 117

第七章 注意即时安全 124

技巧35：了解何时和为何住院治疗 124

技巧36：知道何时和为什么不追求住院治疗 128

技巧37：不要使用不自杀协议 131

技巧38：合作制订安全计划 134

技巧39：鼓励推迟 140

技巧40：关于获得枪支的问题解决 142

技巧41：也讨论其他自杀工具的获得 147

技巧42：如果身患绝症，（或许）采取不同的做法 150

技巧43：寻求顾问咨询 154

第八章 治疗计划 157

技巧44：将自杀作为焦点 157

技巧45：根据需要，增加联系频率 160

技巧46：用不同的方式对待慢性自杀 164

技巧47：让所爱之人参与进来 168

技巧48：建议进行身体检查 171

技巧49：建议评估药物治疗 174

技巧50：持续监测自杀意念 176

第九章 减轻心理痛苦 180

技巧51：安全之后，解除痛苦 180

技巧52：寻找未满足的需求 184

技巧53：针对社会隔离 188

技巧54：使用着陆练习 192

第十章　探索动机和疑虑 · 195

- 技巧55：假设"没事"——这个人想放弃自杀吗？ · 195
- 技巧56：探讨矛盾心理 · 198
- 技巧57：比较生存与死亡的理由 · 201
- 技巧58：邀请对方寻找"陷阱" · 204
- 技巧59：寻找例外 · 207

第十一章　灌注希望 · 210

- 技巧60：将自杀视为一种问题解决行为 · 210
- 技巧61：头脑风暴出"选项列表" · 213
- 技巧62：教授问题解决的方法 · 216
- 技巧63：完善未来计划和目标 · 219
- 技巧64：使用希望工具包 · 222
- 技巧65：突出优势 · 226

第十二章　借鉴认知行为策略 · 228

- 技巧66：将自杀想法与其他想法联系起来 · 228
- 技巧67：关于认知歪曲的教育 · 233
- 技巧68：帮助挑战消极想法 · 238
- 技巧69：引出应对陈述 · 244
- 技巧70：重写自杀意象 · 246
- 技巧71：防止思维压抑 · 250
- 技巧72：加强对自杀想法的接纳 · 253

第十三章　提高生活质量 · 257

- 技巧73：增强应对技巧 · 257

技巧74：培养正念 ··· 262
技巧75："拓展和构建"积极情绪 ································· 266
技巧76：匹配价值观与行为激活 ···································· 271

第十四章 自杀未遂后继续生活 ·································· 275

技巧77：区分自杀性和非自杀性自伤 ···························· 275
技巧78：确定来访者对幸存的反应 ································ 278
技巧79：开展行为链分析 ·· 281
技巧80：评估安全计划的不足之处 ································ 285
技巧81：利用"可教时刻" ·· 287
技巧82：关注治疗关系 ··· 289
技巧83：处理自杀未遂的创伤 ······································ 292
技巧84：探索羞耻和污名化 ··· 294

第十五章 培养复原力 ··· 297

技巧85：预警复发的可能性 ··· 297
技巧86：回顾经验 ··· 300
技巧87：完成复发预防方案 ··· 302
技巧88：给自杀的自己写一封信 ··································· 305
技巧89：随访 ··· 307

第一章

理解自杀和自己

技巧1： 反思你对自杀的偏见

"你对自杀的伦理、道德和哲学概念化将对你的临床实践产生直接和间接的影响。"

（Worchel & Gearing, 2010, p.4）

心理健康专业人员需要深入了解自己对自杀和自杀行为的态度。无论认为自杀是一种罪过还是一项权利，他们的立场都可能对评估和治疗产生消极影响，甚至是在没有意识到的情况下。当一个人描述想要自杀的不可抗拒的理由时，将自杀视为明确错误的专业人员可能难以不加评判地倾听。相反，那些认为自杀可以被允许的人可能会犹豫是否阻止他人自杀，从而导致一场本可以避免的悲剧。在许多细微方面，专业人员对自杀预防的立场可能会扰乱治疗。

要检查对自杀预防的态度，可以考虑以下问题。

- 对于尝试自杀或死于自杀的人，你怎么看？
- 你认为应该始终预防自杀吗？为什么或者为什么不？如果你不认为应该始终预防自杀，那么在什么情况下，应该允许一个人不接受干预并自杀死亡？
- 你认为自杀是自私的吗？为什么或者为什么不？

- 你认为自杀是懦弱的吗？为什么或者为什么不？
- 自杀是一种罪过吗？为什么或为什么不？
- 对你来说，在什么情况下你会考虑自杀？（如果自杀似乎是不可理解的，为什么？）

上述问题的目的是让你诚实地审视与自杀相关的信念。答案没有正确或错误之分。然而，神话、偏见和逻辑不一致会影响一些人的答案，下面将进行讨论。

应该始终预防自杀吗？

和其他问题一样，这个问题没有正确或错误答案，但可能会揭示某些不一致。检查你的反应是否因人的年龄、身体健康、心理健康或生活环境而异。也请考虑你对自杀预防的看法会如何影响你对有自杀倾向的人的反应，以及，你会采取（或不采取）哪些保护措施，以确保你的看法不会干扰向他们提供最有效和符合伦理的照护。

自杀是自私的吗？

许多人哀叹自杀者伤害了他们所爱的人，并破坏了整个社区（Hecht, 2013）。自杀的男人留下年轻的寡妇独自抚养四个孩子，教师的自杀给学生留下了深刻的创伤——这些死亡事件引起了对自私的指责。然而，这些人几乎总是在精神疾病、绝望、创伤、疼痛或其他看似无法解决的问题的胁迫下自杀的。一个人是否应该为自己无法控制的力量所导致的行为负责，这是值得怀疑的。

心理学家托马斯·乔伊纳（Thomas Joiner, 2010）也对自私的概念提出异议，他指出，许多尝试自杀或死于自杀的人实际上是想帮助所爱的人，而不是伤害他们。由于受抑郁、绝望或其他心理痛苦的误导,他们常常相信,他们的自杀会让其他人的生活更轻松,这让他们的家人和朋友大吃一惊。不管是不是被误导,解救他人的愿望都不能说是自私的。

自杀是懦弱的吗?

有些人认为自杀是"走捷径"。但有其他人指出,克服生存本能并真正结束生命需要勇气(Joiner, 2010)。

自杀是一种罪过吗?

这个问题会触发深刻的个人信念。无论你的信念如何,值得注意的是,一些宗教曾经谴责自杀,但现在会宽容精神疾病或精神障碍引发的自杀(Nelson et al., 2012)。

总　　结

对自杀保持中立是不可能的。偏见总是不可避免。不关心情况如何而认为自杀不应该总是被预防,这本身就是一种偏见。发现自己的偏见,然后,尽管存在偏见,依然可以制订计划去帮助他人。

> **评判的治疗师**
>
> 作为5年的临床社会工作者,阿什莉(Ashley)对自杀持负面判断。她认为自杀是罪恶、自私和懦弱的。所以,当她问来访者他们是否想过自杀,而对方说没有时,她总是大声回答,"哦,很好!"有时她会详细说明:"自杀的人只考虑自己。它摧毁了那些被留下来的人。"她的来访者很快了解到,如果有一天他们真的考虑自杀,阿什莉会对他们做出负面评价。

> 当那一天到来时，有些人选择不告诉她，而另一些人则完全放弃了治疗。为了来访者着想，当来访者报告说他们没考虑自杀时，更好的回答是："如果以后你改变了想法，你愿意告诉我吗？"

参 考 文 献

Hecht, J. M. (2013). *Stay: A history of suicide and the philosophies against it.* New Haven, CT: Yale University Press.

Joiner, T. (2010). *Myths about suicide.* Cambridge, MA: Harvard University Press.

Nelson, G., Hanna, R., Houri, A., & Klimes-Dougan, B. (2012). Protective functions of religious traditions for suicide risk. *Suicidology Online, 3,* 59–71.

Worchel, D., & Gearing, R. E. (2010). *Suicide assessment and treatment: Empirical and evidence-based practices.* New York, NY: Springer Publishing.

技巧2： 评估你的自杀经历（或没有自杀经历）

> "无论是我自己的自杀倾向（suicidality）、我所爱的人自杀，还是前来访者自杀死亡，自杀相关的经历会极大地影响我们接触和回应那些主动考虑自杀的人的方式……"
>
> 娜丁·卡斯洛（Nadine Kaslow）
>
> （见Pope & Vasquez, 2016, p.324）

许多心理健康专业人员都有自杀或自杀倾向的亲身经历。在一项针对精神科医生、精神科护士、心理学家和社会工作者的研究中，43%的人报告曾考虑过自杀，5%的人曾尝试自杀（Ramberg & Wasserman, 2000）。如果用心理健康专业人员代表一般人群，那么我们可以假设，有一半的人认识死于自杀的人，其中近40%报告说，死者是其家庭成员（Cerel et al., 2016）。自杀也在专业人员的工作中出现。研究表明，23%的专业咨询师、30%的心理学家和社会工作者以及50%的精神科医生都有过来访者自杀身亡的经历（McAdams & Foster, 2000; Jacobson et al., 2004; Ruskin et al., 2004）。

这些与自杀相关的经历，不可避免地影响着专业人员与有自杀倾向的人的工作。从积极的一面来看，具有"亲身经验（lived experience）"的人往往对有类似经历的人有敏锐的洞察力和共情；但消极的一面是，存在自杀倾向或因自杀而丧失的经验，可能会导致拯救幻想、过度认同、边界侵犯，甚至是直接损伤。此外，也可能会产生更微妙的影响，例如回避询问或谈论自杀。

如果专业人员经历过某人因自杀死亡，或者体验过自杀倾向，就需要探索这些经历对来访者的积极和消极影响，包括用何种方式与来访者谈论自杀以及因此采取（或不采取）哪些行动。如果自我检查揭示了值得关注的领域，那么仅仅觉察是不够的。你还需要一种策略来管理反应，以免造成伤害。一般来说，个体心理治疗、督导和顾问咨询可以帮助防止过去的问题影响现在的效能。

有自杀倾向的专业人员能帮助自杀者吗？

许多有自杀想法的人设法冷静地观察这些想法，简单地抵制一切采取行动的冲动，并将它们视为症状，而不是一种强大的力量或事实。这对来访者来说是目标，也是许多患有慢性精神障碍（如重度抑郁或双相情感障碍）的心理健康专业人员的现实。在这些情况下，当专业人员摆脱了自杀想法，并且没有任何采取行动的意图时，继续会见来访者是合适的。

如果自杀想法变得强烈或是充满吸引力，那么专业人员必须采取额外的措施，以确保临床实践是合适的。陷入自杀想法的治疗师会对要帮助的人造成伤害。例如，来访者对自杀想法的表达可能会把助人者带入"是否自杀"的内在辩论，助人者从而无法将全部注意力放在来访者身上。精神病学家肖恩·谢伊（Shawn Shea, 2011）建议有自杀想法的心理健康专业人员接受治疗，并单独接受顾问咨询或督导。治疗提供者和督导或顾问咨询师应相互沟通，并与有自杀倾向的专业人员合作，以评估此人是否可以在不造成伤害的情况下继续会见来访者。

没有亲身经验的专业人员可以帮助自杀者吗？

个体对自杀的亲身经历不一定是有害的——实际上可能甚至有帮助。在自杀危机中幸存下来的人可能会洞察到他人缺乏的经验。前精神病学家杰克·戈尔曼（Jack Gorman）说，在治疗自杀来访者数十年后，他开始产生危险的自杀倾向。他在2013年写道："我现在意识到，我从来没有真正理解过'想死'的意义。"他曾相信，自杀的人会因自我毁灭的冲动而感到恐惧和困惑。但随后，他亲身了解到，自杀对于有自杀倾向的人来说，似乎是完全合理的、合乎道德的，甚至是必要的。

自杀史当然不是有效和共情地帮助有自杀倾向的人的必要条件,就像没有成瘾史的人也可以成为很好的成瘾咨询师。但有些从未亲身经历过自杀想法的人很难理解,为什么有人会想要结束自己的生命。如果这适用于你的情况,我建议你阅读自杀危机幸存者的回忆录。以下是对自杀经历的描绘非常出色的几个例子:

- 《破裂,不破碎:自杀未遂后的生存与繁荣》,凯文·海因斯 [*Cracked, Not Broken: Surviving and Thriving after a Suicide Attempt,* by Kevin Hines (Rowman & Littlefield Publishers)];
- 《躁郁之心:我与躁郁症共处的30年》*,凯·雷德菲尔德·贾米森 [*An Unquiet Mind: A Memoir of Moods and Madness,* by Kay Redfield Jamison (Vintage Books)];
- 《我的感受——回忆录:尝试自杀和寻找生命》,克雷格·米勒 [*This Is How It Feels: A Memoir: Attempting Suicide and Finding Life,* by Craig Miller (CreateSpace Independent Publishing)];
- 《看得见的黑暗》**,威廉·斯蒂伦 [*Darkness Visible: A Memoir of Madness,* by William Styron (Random House)];
- 《清醒:穿越黑暗》,特里·L. 怀斯 [*Waking Up: Climbing through the Darkness,* by Terry L. Wise (Missing Peace, LLC)]。

"现在我有目的和有意识地做出反应"

"妈妈,爸爸在哪儿?"据家族传说,这是达坎(Daquan)说的第一句话,当时他快2岁了,他父亲几周前刚刚自杀身亡。在青春期,达坎也有过自杀想法。他曾2次尝试自杀,一次是在16岁,一次是在22岁,之后他被诊断患有双相情感障碍,接受药物治疗后病情稳定了下来。达坎现年

---

* 本书的简体中文版由浙江人民出版社于2013年出版。——译者注
** 本书的简体中文版由湖南文艺出版社于2022年出版。——译者注

36岁，是一名学校心理学家，在一所为有风险的学生开设的高中工作。学生们经常向达坎透露，他们正在考虑或已经尝试过自杀。

5年前，达坎刚开始在学校工作时，与自杀学生的谈话会引发他的痛苦回忆和悲伤。有几次，他不得不把自己锁在办公室里，伏在办公桌前哭泣。然后，他发现当学生提起自杀时，自己会回避或改变话题。最终，他恢复治疗，探索了父亲自杀和自己的自杀尝试所造成的开放性创伤（open wounds）以及这些经历馈赠给他的洞察和共情能力。

达坎说，治疗最有价值的方面是让自己学会立足当下，这样他就可以专注于面前的学生的需求，而不是迷失在过去的创伤中。"我不再处于自动驾驶状态"，他说，"现在我有目的和有意识地做出反应。情况并非总是如此。"

参 考 文 献

Cerel, J., Maple, M., De Venne, J. V., Moore, M., Flaherty, C., & Brown, M. (2016). Exposure to suicide in the community: Prevalence and correlates in one U.S. state. *Public Health Reports, 131*(1), 100−107.

Gorman, J. (2013). *I never really understood what it means to want to die.* Retrieved 31 January, 2017.

Jacobson, J. M., Ting, L., Sanders, S., & Harrington, D. (2004). Prevalence of and reactions to fatal and nonfatal client suicidal behavior: A national study of mental health social workers. *Omega: Journal of Death and Dying, 49*(3), 237−248.

McAdams III, C. R., & Foster, V. A. (2000). Client suicide: Its frequency and impact on counselors. *Journal of Mental Health Counseling, 22*(2), 107−121.

Pope, K. S., & Vasquez, M. J. T. (2016). Responding to suicidal risk. *In Ethics* in psychotherapy and counseling: A practical guide (6th ed., pp. 314–334). Hoboken, NJ: John Wiley & Sons.

Ramberg, I. L., & Wasserman, D. (2000). Prevalence of reported suicidal behaviour in the general population and mental health-care staff. *Psychological Medicine, 30*(5), 1189–1196.

Ruskin, R., Sakinofsky, I., Bagby, R. M., Dickens, S., & Sousa, M. G. (2004). Impact of patient suicide on psychiatrists and psychiatric trainees. *Academic Psychiatry, 28*(2), 104–110.

Shea, S. C. (2011). *The practical art of suicide assessment: A guide for mental health professionals and substance abuse counselors.* Stoddard, NH: Mental Health Presses.

技巧3: 直面"自杀焦虑"

"那些被来访者自杀的恐惧进行了情感绑架的治疗师，无法以共情和助人的方式做出回应。"

托马斯·古特海尔（Thomas Gutheil）

（见 Koekkoek et al. 2008, p.203）

几乎每个心理健康专业人员都害怕来访者因自杀而离开（Pope & Tabachnick, 1993）。这是一个毁灭性的结果。在许多情况下，专业人员对他们关心并试图帮助的人的死亡感到无比悲痛。不能胜任、内疚或不足的感觉会经常出现。自杀发生后，他们可能会受到不当行为的指控、被提起诉讼和收到许可委员会的投诉。同事们有时会做出评判和麻木的反应。许多专业人员经历过创伤后应激症状，例如关于自杀的侵入性想法、意象和梦，并回避自杀的话题（Gutin et al., 2011）。对来访者自杀的预期会引发"自杀焦虑"——一种强烈的不安感，以至于一些专业人员拒绝接受有自杀倾向的来访者，或者完全回避自杀话题。

在帮助有自杀倾向的人的时候，一定程度的焦虑是健康的。一个生命危在旦夕。健康的恐惧使人们对危险保持谨慎和警觉。心理治疗师安德鲁·里夫斯（Andrew Reeves, 2010）指出，"我会质疑所有声称在处理自杀情况时从未感到焦虑或担忧的咨询师，并且会进一步怀疑他们的工作是否足够安全和符合伦理"（p.143）。尤其是在自杀风险很高的情况下，从不害怕可能表明了某种程度的冷酷或耗竭，而这抑制了共情。

治疗师面临的挑战是，不要因恐惧而无法行动或者反应过度。恐惧的专业人员可能会回避自杀话题，只进行粗略的自杀风险评估，并提供粗浅的干预措施（Jahn et al., 2016）。最重要的是，未被承认的恐惧会导致专业人员为了自己的利益而行动，哪怕是无意识的。这些行为可以帮助缓解焦虑，但在此过程中会伤害有自杀倾向的人（技巧36），例如不必要的住院治疗。

努力了解自己的焦虑和恐惧。询问自己以下问题会有所帮助。

- "帮助一个有自杀倾向的人让我害怕什么？"
- "如果我不那么害怕，我会做些什么不同的事情？"

在来访者描述他们多么渴望结束自己的生命时——通常是用痛苦的方式，这会让倾听变得困难——觉察并挑战自杀焦虑将帮助你保持专注。

除了自我觉察，采取行动也会有帮助。尽可能多地接受教育和掌握技能，以有效帮助有自杀倾向的人。与其他人谈谈你的恐惧，比如同事、督导、顾问咨询师（技巧43）或你的心理治疗师。认知行为治疗可以帮助你评估焦虑想法的真实性和有用性，在陷入认知歪曲的时候帮助你，并阻止对有自杀倾向的人的焦虑压倒你。

正如之前提到的，有些人是如此害怕来访者自杀，因此拒绝治疗有自杀倾向的人。这是令人遗憾的。心理健康专业人员有伦理义务在执业领域取得并保持胜任力。所有实践领域都需要自杀评估和干预的技能。因此，如果你被来访者自杀的可能性所困扰，与其躲避，不如寻求你需要的培训、知识和支持，以便有效地与有自杀倾向的人工作——即使你感到害怕。

"我躲过了一颗子弹"

"我真的需要见见其他人，"电话那头的陌生人说，"你有时间吗？"

心理健康咨询师加布里埃尔（Gabriel）邀请这名男子介绍更多情况。来电者描述了一段无望的抑郁时期。他觉得自己一文不值。他失眠了。没有什么能给他带来快乐或愉悦。他发现自己偶尔会想到自杀。

恐惧席卷了加布里埃尔。当自杀被公开讨论时，他只想到可能的悲惨结局，而不是帮助他人治愈、成长和"繁荣"的可能性。如果他接受这个有自杀倾向的陌生人作为来访者，然后这个人自杀了，怎么办？其他人可能会责怪他。更糟的是，他想，他可能永远不会原谅自己。

> "我不认为我是能帮助你的人,"他告诉对方,"如果你有自杀想法,你应该立即去急诊室接受评估。"
>
> "但我没有紧急情况。我的意思是,是的,我在考虑自杀。但我不会真的去做。你不能做评估吗?"
>
> 加布里埃尔说,这不是他的专业领域,并再次将他转介到急诊室。那个人感到孤独和被拒绝。他想,如果心理健康专家都无法在听到他谈论自杀时不被"吓坏",那么谁可以呢?
>
> 与此同时,加布里埃尔感到如释重负。"我躲过了一颗子弹,"他想,完全没有考虑自己的回避对那个向他求救的年轻人的影响。

参 考 文 献

Gutin, N., McGann, V. L., & Jordan, J. R. (2011). The impact of suicide on professional caregivers. In J. R. Jordan & J. L. McIntosh (Eds.), *Grief after suicide: Understanding the consequences and caring for the survivors* (pp. 93–111). New York, NY: Routledge.

Jahn, D. R., Quinnett, P., & Ries, R. (2016). The influence of training and experience on mental health practitioners' comfort working with suicidal individuals. *Professional Psychology: Research and Practice, 47*(2), 130–138.

Koekkoek, B., Gunderson, J. G., Kaasenbrood, A., & Gutheil, T. G. (2008). Chronic suicidality in a physician: An alliance yet to become therapeutic. *Harvard Review of Psychiatry, 16*(3), 195–204.

Pope, K. S., & Tabachnick, B. G. (1993). Therapists' anger, hate, fear, and sexual feelings: National survey of therapist responses, client characteristics, critical events, formal complaints, and training. *Professional Psychology: Research and Practice, 24*(2), 142.

Reeves, A. (2010). *Counselling suicidal clients*. London: Sage Publications.

技巧4：警惕对有自杀倾向的人的负面感受

"无论是触发临床工作者过去未解决的问题，还是对来访者行为的现实反应，临床工作者对来访者的反应都可能导致无能、绝望、低落、敌意或撤回对来访者的情感投入。"

（Hunter, 2015, p.38）

对有自杀倾向的人的负面反应是如此普遍，甚至有一篇经典文章特别关注了"反移情仇恨"（Maltsberger & Buie, 1996）。有自杀倾向的人可能会以各种方式激起负面反应。这些人可能会因为你没有帮助他们感觉更好而批评你或生气。他们也可能会做一些似乎会破坏工作联盟的事情，例如迟到或完全错过会谈、拒绝合理的建议并隐瞒自杀倾向。有时尽管他们在努力变得更好，但实际上可能更糟。缺乏进步本身也会激发专业助人者的无能感、愤怒和怨恨，无论是否合理。

请注意与有自杀倾向的人工作时出现的任何负面判断和情绪。未觉察的厌恶或恶意可能会让你撤回关注和共情，发表不明智的评论，不耐烦地做出反应，甚至放弃有自杀倾向的人（Maltsberger & Buie, 1996）。如果你发现自己对自杀的来访者有负面反应，请考虑与顾问咨询师（技巧43）或自己的治疗师讨论你的情况。此外，下面这些问题可以帮助你批判性地检查自己的反应。

- "我努力工作，但这个人没有进步，我会生气吗？如果是，那么责备他缺乏进步是否比归咎于疾病、压力或痛苦更合适（和更慈悲）？"
- "我是否认为这个人没有进步是我个人的原因？当他们抱怨我没有提供帮助时，我是否认为这是一种侮辱？我的临床方法确实有可以改进的地方吗？如果是，我怎样才能更好地帮助这个人？"
- "我是否怨恨有自杀倾向的人比我更有权力，因为不管我的努力和意图如何，他们都可以自杀而死？如果是，我怎么能在不发泄对他们的怨恨的情况下，接受这个现实呢？"

- "我是否感到被有自杀倾向的人操纵、勒索或胁迫？如果是，怎样的反应可能强化了此类行为？我是否保持了适当的界限，并抵制了一定要拯救这个人的感觉？"

请注意觉察个人化。有自杀倾向的人并不是故意试图通过自杀或变得更糟来伤害你。有自杀倾向的人通常会体验到痛苦的情绪、歪曲的想法，并且在很多情况下会出现精神疾病或创伤后反应。将他们缺乏康复视为恶意，就类似于责备癫痫来访者在癫痫发作时将咖啡洒在地毯上。

将自杀过程视为发生在这个人身上的事情——而不是他精心策划的，可以帮助你培养慈悲和耐心。有自杀倾向的人可能感知到的获益，无论是增加了关注、支持还是权力，通常都是行为的偶然副产品，而不是明确的目标。正如心理学家米勒及其同事（Miller et al., 2007）所说，"治疗师感到被操纵的事实并不是来访者的意图"（p.81）。

如果有自杀倾向的人似乎确实使用自杀行为来博取关注、爱或支持，请记住，他们做这类行为是因为它们起作用（Linehan, 1993）。一个人有自杀的可能，往往会强烈促使其他人围绕在他的身边、表现出关心并尽其所能提供帮助。对于很少获得这种支持的人来说，他人的关心可能传达出一个悲伤的信息：除非他们认为我快要死了，否则没人关心我。这个人甚至可能没有意识到这种动力。

辩证行为疗法的创始人，心理学家玛莎·莱恩汉（Marsha Linehan, 1993）强调需要现象学上的共情——一种承认这些基本假设的共情立场：有自杀倾向的人正在尽力而为。这个人想要改善。责怪这个人没有使用他们还没掌握的技能是不公平的。治疗师需要以同样的慈悲心对待自己的反应，即使感到愤怒和不耐烦。应该带着好奇心去体验这种感受，而不是压抑或谴责。

"她死了吗？"

在15分钟内，精神科医生去候诊室确认了5次。他的来访者安伯（Amber）仍然没来。"她又迟到了，"他想，"这次她做了（指自杀）吗？她死了吗？"

25岁的安伯成为他的来访者4个月了。在这段时间里，几乎每次会谈她都报告了明显的自杀想法。但每一次，她都不符合住院标准。她缺乏意图，或者计划不明确——想游遍全国然后从金门大桥上跳下来，但她买不起机票，诸如此类。但是，当她迟到时——这种情况经常发生——医生的思绪又回到同一个问题上：她死了吗？

"再过5分钟，"他想，"再过5分钟，我就给她打电话。"就在这5分钟快要过去的时候，安伯跳进了房间，一手拿着星巴克的杯子，另一只手拿着手机。她微笑着坐下，为迟到道歉，然后没有停顿，开始描述这一周的情况。

一瞬间，医生的担忧变成了愤怒。"她怎么可以这么不顾别人？难道她不能至少有礼貌地打个电话吗？"如果安伯是他的朋友而不是来访者，他可能会大声说出这些想法。但是，他深吸了一口气，默默承认自己的愤怒，将注意力集中在面前的人身上。当这样做的时候，他对自己的愤怒保持好奇。他知道他需要说些什么，但必须是为了安伯好，而不是为自己。在后面与同事进行顾问咨询时，他可以再满足自己的需求。

在安伯气喘吁吁地描述近况后，他提起了她的习惯性迟到。从治疗的优先次序和解决问题的动机的角度，他与她探讨了这可能意味着什么。他对她的挣扎表示共情，并认可她正在尽力而为。

他也告诉她自己对她没有准时来的担忧。"我担心，"他说，"我担心你可能按照你的自杀想法采取行动。"

当他说这句话的时候，安伯的眼眶里噙满了泪水。"我没想到你会担心，"她说，"总觉得没人在乎我是死是活。"

> 医生的怒火消散了,因为他体会到安伯的感觉,体会到她所有的痛苦。然而,正是愤怒让他产生了更深层次的共情。他庆幸自己以接纳、好奇和克制的立场迎接了他的愤怒。

参 考 文 献

Hunter, N. (2015). Clinical trainees' personal history of suicidality and the effects on attitudes towards suicidal patients. *The New School Psychology Bulletin, 13*(1), 38-46.

Linehan, M. M. (1993). *Cognitive-behavioral treatment of borderline personality disorder*. New York, NY: Guilford Press.

Maltsberger, J. T., & Buie, D. H., Jr. (1996). Countertransference hate in the treatment of suicidal patients. In J. T. Maltsberger & M. J. Goldblatt (Eds.), *Essential papers on suicide* (pp. 269-289). New York, NY: New York University Press.

Miller, A. L., Rathus, J. H., & Linehan, M. M. (2007). *Dialectical behavior therapy with suicidal adolescents*. New York, NY: Guilford Press.

技巧5: 拒绝"救世主"的角色

"治疗性的关注不能扩展为对来访者的生活负全部责任。简而言之,心理治疗师必须避免'万能拯救者'的陷阱,而是要向来访者传达一种启发式的照顾和关怀。"

(Bongar & Sullivan, 2013, p.180)

一些心理健康专业人员在努力阻止他人死于自杀时放松了他们的界限。这可能包括大幅延长会谈时间,免费提供额外的会谈,在会谈之间进行长时间且频繁的电话交谈,以及,尽管有严格的取消规则,但还是原谅缺席。在极端情况下,专业人员甚至欢迎有自杀倾向的来访者到家中拜访,邀请他们与家人一起度假、购物或共进晚餐,并去来访者家中拜访(Gabbard, 2003)。无论越界程度轻重,这些专业人员往往被恐惧所驱使:如果不这样做,这个人可能会死。

扮演"救世主"角色有三个方面的问题:让专业人员筋疲力尽;让来访者产生依赖;并不一定能成功防止自杀。相反,精神病学家赫伯特·亨丁(Herbert Hendin, 1996)指出,"治疗师倾向于将自己视为有自杀倾向的人的'救世主'或'拯救者'"可能导致此人的自杀行为持久化(p.431)。亨丁举了一个多次尝试自杀的年轻女性的例子。她每次都会立即打电话给治疗师。而治疗师每次都会冲向她所在的地方。尽管治疗师可能觉得自己是在让来访者活着,但他并没有帮助她获得活着所需的技能。

看似英勇的措施也可能无法挽救生命。亨丁描述了另一位治疗师,由于他的来访者担心自己会死,在长达1年的时间里,他被迫每天早上给来访者打电话。尽管如此,来访者还是自杀了。亨丁总结道:"如果花更多的精力来挑战和理解来访者的尝试以及治疗师怎样并以何种方式表现兴趣,而不是满足来访者的需求,治疗就会有更多成功的机会"(Hendin, 1996, p.430)。

出于这些原因，当你觉得有必要为来访者破例时，要保持坚定又富有慈悲心。有时深夜电话是必要的（技巧45），有时必须延长会谈时间以让来访者被安全送往医院，有时你将免除取消费用——如果来访者是出于不可避免的原因错过了会谈。诀窍是要知道何时根据治疗考虑而放宽界限，而不是恐惧、胁迫或相信除了你之外没有其他人可以帮助有自杀倾向的人。治疗性考虑与你的利益之间的区别有时并不明确。如有疑问，最好寻求顾问咨询（技巧43）。

"哇，连我的心理医生都不在乎我"

34岁的托尼（Tony）在周日下午给他的心理医生打电话。"我好孤独，"他告诉她，"我死了更好。"心理医生快速评估了一下，判断托尼的自杀风险并不高。她和他一起回顾了他的安全计划，然后准备结束通话。托尼说："哇，连我的心理医生都不在乎我。现在我真他妈的想自杀。"

在职业生涯早期，这种评论会让这位心理学家在电话中停留的时间更长。有时她会花几小时与来访者通话，以消除对方的自杀冲动。但她从惨痛的教训中了解到，这样的反应会引发依赖，并强化自杀的交流。所以她说："我很抱歉，我需要离开的这件事让你感到被拒绝。听起来下次会谈我们需要更多讨论这部分。另外，你需要去急诊室以确保安全吗？"

托尼沉默了一会儿。"不，"他说，"我不会真的自杀。"他又顿了顿，轻声说："我生气了。"

托尼说他会遵循安全计划，从慢跑开始，让注意力从困扰他的事情上移开。如果在下一次预约会谈之前有需要，他会打电话给心理医生进行紧急预约。

参 考 文 献

Bongar, B., & Sullivan, G. (2013). *The suicidal patient: Clinical and legal standards of care.* Washington, DC: American Psychological Association.

Gabbard, G. O. (2003). Miscarriages of psychoanalytic treatment with suicidal patients. *The International Journal of Psychoanalysis, 84*(2), 249−261.

Hendin, H. (1996). Psychotherapy and suicide. In J. T. Maltsberger & M. J. Goldblatt (Eds.) *Essential papers on suicide* (pp. 427−441). New York, NY: New York University Press.

技巧6: 保持希望

"持续承受来访者强烈的万念俱灰和绝望的经历是非常困难的,并且会削弱自己的希望感。"

(Schechter et al., 2013, p.319)

自杀的思维试图说服被它附身的人:没有希望,死亡是唯一的解决办法。自杀的思维也会试图说服你。并且你甚至可能会被说服。你可能进而认为这个人的痛苦、崩溃或万念俱灰是如此难以忍受,于是你相信这个人会死于自杀,甚至应该自杀。请当心。如果自己没有希望,就很难给人以希望。

在本书的其他地方,我讨论了如何帮助有自杀倾向的人激发希望(技巧60—65)。在这一节,我将提供一些保持希望的技巧。

- **拥抱共情的机会**。你感受到的绝望可能是自杀者绝望的缩影。看看关于对方的痛苦和需要,你的感受能告诉你什么。
- **使用顾问咨询或个人治疗**。另一位专业人员可以帮助你检查你的绝望感,确定你可能忽略了的可用于治疗的步骤,并调和你对来访者改变的需求的无助感(技巧43)。
- **在对方的生存里寻找希望**。到目前为止,一定有些东西阻止了这个人死亡。而更好的是,他正在寻求你的帮助。这个人有一些矛盾——即便他声称没有——否则他不会来找你(技巧56)。这些简单的事实虽然常常被认为是理所当然的,却是充满希望的理由。
- **认识到治疗的潜力**。心理学家埃德温·什内德曼(Edwin Shneidman, 1996)指出,"令人高兴的事实是,通过心理学家、精神病学家、医生、自杀预防工作者和其他人的治疗干预,有成千上万的人得到了帮助,他们的生命得到了挽救"(pp.164-165)。这是真的:心理治疗和一些药物可以帮助减少自杀想法和自杀尝试(Erlangsen et al., 2015;

Calati & Courtet, 2016; Zalsman et al., 2016)。

- **记住那些看起来毫无希望，但事实并非如此的情况**。世界上到处都是离自杀只有一步之遥或者确实尝试过自杀但活下来的人，他们的生活发生了翻天覆地的变化。我们可以在一个简单的事实中找到希望，即超过90%的自杀未遂者后来也没有死于自杀，即使在自杀尝试发生多年后也是如此（Owens et al., 2002）。
- **阅读有自杀倾向的人的回忆录**。许多人都写下了从自杀的绝望到治愈和希望的转变的个人经历。阅读这些记述可以让你充满希望。技巧2列出了一些回忆录，它们令人痛苦，但最终鼓舞人心。

总　　结

无论有自杀倾向的人的处境多么艰难和痛苦，只要他还活着，就有可能发生改变。即使一个人的精神疾病、身体疼痛或其他情况无法改变，他们的体验也会改变。人们可以学习新的应对技巧，提高生活质量，在经历中找到意义，朝着目标努力，并对无法改变的事情产生接受感。

有时，你要为有自杀倾向的人带去希望。有时，你需要为自己重新发现希望。无论你做什么、怎么做，尽量不要让绝望感伪装成事实，如果这确实发生了，请使用个人治疗或顾问咨询。

寻找希望

她一直看着那只狗。这只德国牧羊犬裹着皮革牵套，坐在来访者的脚边，明明白白地提示着她的来访者奥拉西奥（Horacio）因精神疾病而付出的代价以及摆在他面前的障碍。5年前，在17岁时，奥拉西奥听从了自己的命令性幻听，挖出了自己的眼睛。此后，他的抑郁和幻听几乎没有减少。他又尝试了3次自杀，每次都越来越接近结束生命。

而现在，他的临床社工亚历克莎（Alexa）发现自己正盯着这只狗，怀疑奥拉西奥面临的除了更多的痛苦和磨难外，再无其他。亚历克莎开始相信，无论她如何努力，奥拉西奥都会自杀身亡。她发现自己在期望某种精神病的临终关怀，那样护士可以让奥拉西奥在努力结束生命的过程中舒适些。

在与个人治疗师的下一次会谈中，亚历克莎讨论了自己的绝望感。她被点醒了。她感到的绝望只是奥拉西奥无望、恐惧和绝望经历的一个缩影。在治疗师的帮助下，亚历克莎看到了奥拉西奥的希望。即使他有残疾，她也可以帮助他减轻痛苦、应对更多，并找到生活的意义。这些认识鼓舞了亚历克莎，她在下一次会谈中迎接奥拉西奥时，再次开始关注可能性和选择。

1年后，奥拉西奥还活着。他的幻听仍然存在，但在亚历克莎的帮助下，奥拉西奥学会了将脑海中的声音视为需要被观察的想法，而不是应该服从的命令。他重新找到了希望，并制定了目标。在当地职业康复机构的资助下，他正在修大学课程。他希望成为一名康复咨询师，这样就可以帮助其他患有精神疾病和失明的人。奥拉西奥仍然不时出现抑郁和自杀想法的症状。他学会了应对它们，并且在生活中找到了价值。

参 考 文 献

Calati, R., & Courtet, P. (2016). Is psychotherapy effective for reducing suicide attempt and non-suicidal self-injury rates? Meta-analysis and meta-regression of literature data. *Journal of Psychiatric Research, 79*, 8–20.

Erlangsen, A., Lind, B. D., Stuart, E. A., Qin, P., Stenager, E., Larsen, K. J., ... & Winsløv, J. H. (2015). Short-term and long-term effects of psychosocial therapy for people after deliberate self-harm: A register-based, nationwide multicentre study using propensity score matching. *The Lancet Psychiatry, 2*(1), 49–58.

Owens, D., Horrocks, J., & House, A. (2002). Fatal and non-fatal repetition of self-harm. *British Journal of Psychiatry, 181*(3), 193–199.

Schechter, M., Goldblatt, M., & Maltsberger, J. T. (2013). The therapeutic alliance and suicide: When words are not enough. *British Journal of Psychotherapy, 29*(3), 315–328.

Shneidman, E. S. (1996). *The suicidal mind*. New York, NY: Oxford University Press.

Zalsman, G., Hawton, K., Wasserman, D., van Heeringen, K., Arensman, E., Sarchiapone, M., ... & Zohar, J. (2016). Suicide prevention strategies revisited: 10-year systematic review. *The Lancet Psychiatry, 3*(7), 646–659.

第二章

克 服 禁 忌

技巧7: 直面你的恐惧

"临床工作者冷静、实事求是地探索自杀想法的能力,往往为来访者提供了一个平台,打破他们长期以来对自杀的沉默。"

(Shea, 2011, p.110)

许多人都会避免向来访者提及自杀的话题,哪怕是经验丰富的专业人员。例如,在一项针对心理治疗师与扮演来访者的演员一起工作的研究中,研究人员发现,心理治疗师很少说"自杀"这个词或明确询问自杀想法,即使演员有意将来访者塑造成自杀风险较高的角色(Reeves et al., 2004)。作者指出,治疗师和来访者似乎"串通一气,不明确指出自杀是一种可能"(p.64)。在许多有自杀倾向的人需要帮助才能说出难以启齿的事的时候,这种"串通"可能会带来悲惨的后果。

直接询问自杀想法的最大障碍之一是恐惧。事实上,恐惧有很多。多年来,在作为一名教师和咨询师的工作中,我观察到这些共同的主题:害怕让对方产生这样的想法;害怕加剧自杀想法;害怕激怒对方;最后,害怕当被问及是否正在考虑自杀时,对方会说"是"。

害怕让对方产生这样的想法

一个常见的恐惧是，询问自杀想法会植入这种想法。对青少年和成年人的研究都检验了这种可能性，并发现询问自杀问题不会让人想自杀（Harris & Goh, 2017）。（如果你怀疑，现在就问问自己，阅读这些材料是否让你想自杀。）撇开研究结果不谈，害怕让他人想到自杀，其实是在假设人们无法自己想出这个主意。实际上，除了非常年幼的孩子之外，任何人都不可能不知道自杀。人们往往在踏进治疗师的办公室之前就了解了自杀。

害怕加剧自杀想法

询问自杀想法并不能让人产生这种念头，但是否会加剧现有的自杀想法？近年来，不少研究人员对这个问题进行了调查。绝大多数情况下，询问自杀想法没有积极或消极的影响。对于极少数人来说，自杀想法确实会短暂增加，但在其他人群中则有所减少（Dazzi et al., 2014）。即使自杀想法确实被加剧，这也不是停止评估自杀风险的理由。医学领域充斥着各种诊断测试，从抽血到结肠镜检查，都会引起身体疼痛。但这些测试获得的信息证明了负面影响的正当性。

害怕冒犯或激怒对方

污名化（stigma）与自杀紧密相连，以至于仅仅问一个人是否在考虑自杀，对某些人来说就像是在侮辱他们。专业人员不该使这种污名延续。考虑自杀的人并没有犯道德错误。同时，针对那些自己将自杀污名化的来访者，弱化羞耻感、正常化和温和假设（技巧9）等技术可以在询问时帮助减弱冲击（Shea, 2011）。

多年来，我在临床环境中询问过数百人是否考虑过自杀。大多数人实事求是地回答"否"或"是"。有些人在揭开秘密后明显感到如释重负。从来没有人因为我询问自杀想法而生我的气。如果他们真的生气了，那也没关系。愤怒是一种可以探索的情绪，而不是需要避免的毒物。而且，与医学检查的不适一样，获得自杀意念这种重要信息，需要付出的代价很小。

害怕对方说"是"

对于许多专业人员来说，比询问自杀想法更可怕的情况是听到答案。他们害怕对方说"是"。自杀身亡的可能性令人深感不安。一些专业人员会质疑自己的胜任力。在较小的范围内，如果对方回答"是"，那么会谈需要比计划的时间更长或需要住院治疗，会造成后续安排的麻烦。治疗师必须克服或至少容忍这些恐惧（技巧3）。知道一个人何时考虑自杀，总比不知道要好得多，尽管"知道"本身很吓人。当你询问一个人关于自杀的想法而对方回答"是"时，这本书提供了很多技术和技巧。

"你会问吗？"

在职业生涯的早期，我曾在一条电话咨询热线工作，工作人员需要根据来电者自杀意念的严重程度，从0到4对每个电话进行评分。"0"表示此人完全没有表达过自杀想法，或者在明确询问他们是否考虑自杀时回答"不"；"4"表示此人正在尝试自杀或在来电前不久曾尝试自杀。我的电话来访者几乎没有一个评分"0"。大多数是"1"（轻度自杀意念）或"2"（中度自杀意念）。

有一天，我和那里的另一位咨询师交谈，她说她几乎从来没有接到过自杀的电话。"为什么你认为你有那么多有自杀倾向的来电者，而我却没有？"她问。

我脱口而出："你会问吗？"

我立即后悔了。她当然会问！她拥有咨询领域的硕士学位和多年的临床经验。我觉得我肯定冒犯了她，好像我在质疑她的技能。

的确，她对我的问题感到震惊——但不是出于我预期的原因。"不，我永远不会问那个！"她激动地说。她解释道，她不想把这个想法"提供"给任何人。此外，她说，如果一个人想自杀，他们会主动提供信息。（但正如技巧8所解释的，她错了。）

多年来，在培训、课堂和顾问咨询中，我遇到了许多持有类似观点的其他经验丰富的心理健康专业人员。当这些经验丰富的助人者告诉我，他们回避询问人们是否考虑自杀时，我不再感到惊讶，但这也确实让我担心。回避这个关键问题可能会导致悲剧。

参 考 文 献

Dazzi, T., Gribble, R., Wessely, S., & Fear, N. T. (2014). Does asking about suicide and related behaviours induce suicidal ideation? What is the evidence? *Psychological Medicine, 44*(16), 3361−3363.

Harris, K. M., & Goh, M. T. (2017). Is suicide assessment harmful to participants? Findings from a randomized controlled trial. *International Journal of Mental Health Nursing, 26*(2), 181−190.

Reeves, A., Bowl, R., Wheeler, S., & Guthrie, E. (2004). The hardest words: Exploring the dialogue of suicide in the counselling process: A discourse analysis. *Counselling and Psychotherapy Research, 4*(1), 62−71.

Shea, S. C. (2011). *The practical art of suicide assessment: A guide for mental health professionals and substance abuse counselors*. Stoddard, NH: Mental Health Presses.

技巧8: 直接询问自杀想法

> "从来没有人问过我是否有自杀想法，所以我觉得无法向任何人透露这些想法。"
>
> 凯文·海因斯，他从金门大桥跳下并幸免于难
>
> （Hines et al., 2013）

人们普遍认为，考虑自杀的人很乐意把信息自愿提供给心理健康专业人员。隐瞒这样的想法就像一个心脏病发作的人去了急诊室，却只字不提他的胸部疼痛。事实上，大量研究表明，许多人不会自发地向心理治疗师、精神科医生或其他专业人员透露自杀想法。一项研究回顾了100名死于自杀的人（Isometsä et al., 1995）。在最后一次预约时，80%的人没有告诉专业人员他们有自杀想法。但在24小时内，他们死于自杀。

对于如何询问有关自杀的问题，研究者们存在不同的建议。一类观点（如Joiner et al., 2009）提倡直接询问，再询问一些更普遍的关于死亡愿望的问题：

- "你有自杀的想法吗？"
- "你有没有过希望自己死掉？"
- "你有时会希望自己可以睡着，永远不要醒来吗？"

也有其他人反对在不了解情况的前提下直接询问有关自杀意念的问题。可悲的是，自杀仍然是一个被严重污名化的话题。例如，精神病学家高桥吉本（Yoshimoto Takahashi, 1997）指出，他绝不会建议直接向日本来访者询问自杀想法。相反，他会首先笼统地询问这个人的烦恼、对未来的希望和绝望的感受、与他人的关系以及个人价值感。

类似地，有其他心理学家（Bryan & Rudd, 2006）建议采用"渐进提问

法"。他们指出,"通过逐渐增加访谈的强度,临床工作者可以在改善融洽关系的同时,减少来访者的焦虑或不安"(p.188)。他们的问题宽泛地从人们面临的麻烦开始,然后是症状,绝望,最后是自杀想法(p.188)。

- "你最近过得怎么样?能告诉我有什么让你特别感到压力的事情吗?"
- "你最近是否感到焦虑、紧张或恐慌?"
- "人们抑郁的时候,觉得事情不会改善和好转的情况并不少见;你有过这种感觉吗?"
- "感到抑郁和绝望的人有时会想到死亡;你有没有想过死亡?"
- "你有没有想过杀死自己?"

没有研究表明直接和渐进的询问方法哪个更好。在没有证明的情况下,由治疗师根据来访者的需求、偏好、文化背景和整体情况来决定采取哪条路线。就个人而言,我尽量直截了当,以免给人留下这样的印象——我害怕公开讨论自杀话题或者认为考虑自杀是令人尴尬或可耻的。但同时,对于一些来访者和专业人员来说,自杀是一个很难讨论的话题,从小处着手总比从不开始要好。

"你想伤害自己吗?"*

茜奥班(Siobhan)是一名实习咨询师,她非常害怕谈论自杀,以至于不敢说出这个词。这对她来说几乎是一种迷信。"如果我说出这个词,它就更有可能发生,"她说。因此,当14岁的少年贾马尔(Jamar)对她说:"有时候我什么都不关心。似乎什么都不重要了。"她并没有准备好如何回应。

"这听起来很难,"她说。她想知道他是不是想自杀,但她的焦虑涌现出来。所以她用了很多人喜欢的委婉说法:"你想伤害自己吗?"

---

* 这个例子的灵感来自谢伊的研究(Shea, 2011, p.120)中的一个案例片段。

> "不可能！"他强调说，"我已经够受伤了。"
>
> 会谈结束后不久，贾马尔给父母写了一封遗书，并服用了一瓶布洛芬（ibuprofen）。他的妹妹发现他躺在床上，不省人事，随后他被救护车送往医院。
>
> 在下一次治疗中，茜奥班对贾马尔说："我很困惑。请帮助我更好地理解你。我问你想不想伤害自己，你说不想。"
>
> "我不想伤害自己，"他说，"这就是我服用止痛药的原因，这样我就不会感到任何疼痛了。"
>
> 茜奥班得到了一个重要的，甚至是致命的教训——明明白白地谈论自杀的必要性。

参 考 文 献

Bryan, C. J., & Rudd, M. D. (2006). Advances in the assessment of suicide risk. *Journal of Clinical Psychology, 62*(2), 185–200.

Hines, K., Cole-King, A., & Blaustein, M. (2013). Hey kid, are you OK? A story of suicide survived. *Advances in Psychiatric Treatment, 19*(4), 292–294.

Isometsä, E. T., Heikkinen, M. E., Marttunen, M. J., Henriksson, M. M., Aro, H. M., & Lonnqvist, J. K. (1995). The last appointment before suicide: Is suicide intent communicated? *American Journal of Psychiatry, 152*(6), 919–922.

Joiner, T. E., Jr., Van Orden, K. A., Witte, T. K., & Rudd, M. D. (2009). *The interpersonal theory of suicide: Guidance for working with suicidal clients*. Washington, DC: American Psychological Association.

Shea, S. C. (2011). *The practical art of suicide assessment: A guide for mental health professionals and substance abuse counselors*. Stoddard, NH: Mental Health Presses.

Takahashi, Y. (1997). Culture and suicide: From a Japanese psychiatrist's perspective. *Suicide and Life-Threatening Behavior, 27*(1), 137–146.

技巧9： 获取敏感信息的技术

"实施自杀风险评估是可能挽救生命的，但临床情况最终取决于来访者选择披露或隐藏的东西。"

（Cole-King, 2013, p.276）

人们经常由于疏忽而撒谎。虽然不是每个人都如此，但许多有自杀倾向的人否认或低估了他们自我毁灭的想法。他们可能害怕住院、被歧视或被负面地评判（技巧12）。更糟糕的是，他们可能害怕在实施自杀计划时受阻。为了帮助克服这些披露的障碍，精神病学家谢伊（Shea, 2011）描述了获取敏感信息的有用技术。其中一些技术是在其他领域开发的，例如物质滥用的咨询和性的研究。正如谢伊所说，这些"有效性技术"包括正常化、弱化羞耻感、温和地假设、放大症状、否认具体情况和行为事件。

正 常 化

正常化是指，先明确地告诉来访者，想到过死亡是正常的，尤其是在特别痛苦或困难的情况下，然后再询问自杀意念。这是有证据的：在美国，每年有近1000万成年人认真考虑过自杀（Lipari et al., 2015）。在青少年中，近1/5的高中生表示，他们在过去12个月内曾认真考虑过自杀（Kann et al., 2016）。

统计数据并不是必需的。你可以笼统地说明，其他人经历过类似的痛苦、绝望或困难的情况而想过自杀。

> "许多像你一样抑郁的人会感觉非常糟糕，以至于想到自杀。你有过自杀的想法吗？"

弱化羞耻感

许多人为他们的自杀想法或行为感到羞愧（技巧84）。他们会自责。弱化羞耻感技术则将责任归咎于人的痛苦、疾病或处境。它类似于正常化，只是不卷入具有相同经历的其他人。

> "考虑到你所感受到的所有痛苦和绝望，你想过自杀吗？"

温和地假设

如果某人对公开自杀意念感到羞耻、尴尬或害怕，那么"是或否"的问题可能会阻止他诚实回答。说"是"就像承认有罪。为了避免这个问题，温和地假设技巧要求你表述得好像这个人已经回答了"是"。如果温和的假设是不正确的，也不会造成伤害。问题的格式允许"没有"或"从不"的回答。如果这个提问对你来说似乎过分假设，你可以添加"如果有"之类的表述。

> "你想过哪些自杀方式？"（对比"你想过任何自杀的方式吗？"）
>
> "如果有，你一生中尝试过多少次自杀？"（对比"你尝试过自杀吗？"）

温和地假设技术已被广泛用于性研究。例如，金西研究所（Kinsey Institute）发现，如果研究人员问"你第一次自慰时几岁？"而不是"你自慰吗？"，就会有更多人愿意透露自己有自慰经历（Gebhard & Johnson, 1979）。询问一个人开始自慰的年龄给出了一个暗示：是的，人们当然会自慰。由此可见，如何提问真的很重要。

放 大 症 状

你不仅需要知道对方是否有自杀的想法,还需要知道自杀的频率和强度。一个人可能会不好意思诚实地回答这些问题,因为担心他们"想自杀"想得"太多"了。放大症状要求你夸大可能性,但不要到荒谬的程度。这为来访者提供了诚实回答的空间,而不是觉得自己过度"想自杀"。

> "你每天想到自杀多少次? 20次? 30次?"(对此,来访者的回答是,"哦,天哪,不,没那么多。我会说只有5~10次。")

否认具体情况

相比于询问一个涵盖多种可能性的总体问题,否认具体情况这一技术要求你分别询问每种可能性。正如谢伊指出的那样,与分别回答许多具体问题相比,不诚实地对一个笼统的问题说"不"要容易得多。因此,请分别询问每种特定情况的可能性,而不是将多个选项串成一个问题。

> 对于所有这些可能性,专业人员都会等待对方反应,然后再转向下一种:"你有没有想过从高处跳下,比如桥或建筑物?……你有没有想过过量服药?……上吊?……向自己开枪?……割自己?"

行 为 事 件

应用这种技术时,你会询问在应对压力、痛苦、绝望或其他可能引发自杀想法的困难情绪或情况时,这个人的想法和行为的每一步。这种方法类似于行为链分析(技巧79),但目的不同:该技术是为了收集有关自杀想法和行为的准确信息，而不是分析行为的触发因素、功能和后果。通过将来访者的体验分解成非常具体的细节，你可以帮助消除任何可能掩盖对方真实体验的模糊或歪曲。

> "当你拿出那瓶药丸后，接下来发生了什么？……接下来你做了什么？……然后你做了什么？……当你那样做时，你有什么感觉？"

总　　结

没有一种评估技术是完美的。一些想要自杀的人就是不会透露他们的想法和计划。尽管如此，这些有效性技巧可以传达以下信息：自杀意念不值得让他们感到尴尬、羞愧或害怕你的负面判断。

参 考 文 献

Cole-King, A., Green, G., Gask, L., Hines, K., & Platt, S. (2013). Suicide mitigation: A compassionate approach to suicide prevention. *Advances in Psychiatric Treatment, 19*, 276–283.

Gebhard, H., & Johnson, A. B. (1979). *The Kinsey data: Marginal tabulations of the 1938—1963 interviews conducted by the Institute for Sex Research.* Bloomington, IN: Indiana University Press.

Kann, L., McManus, T., Harris, W. A., Shanklin, S. L., Flint, K. H., Hawkins, J., ... & Zaza, S. (2016). Youth risk behavior surveillance: United States, 2015. *Morbidity and Mortality Weekly Report Surveillance Summaries, 65*(6), 1–180.

Lipari, R., Piscopo, K., Kroutil, L. A., & Miller, G. K. (2015). Suicidal thoughts and behavior among adults: Results from the 2014 National Survey on Drug Use and Health. NSDUH Data Review. Rockville, MD: Substance Abuse and Mental Health Services Administration.

Shea, S. C. (2011). *The practical art of suicide assessment: A guide for mental health professionals and substance abuse counselors.* Stoddard, NH: Mental Health Presses.

技巧10：采用叙事方法——"自杀的故事讲述"

"致死性和风险评估的过程倾向于将重点放在临床工作者的需求上……而不是关注来访者的背景故事。"

（Rogers & Soyka, 2004, p.12）

要了解一个人的自杀想法，通常似乎要问一连串的问题："你多久想到一次自杀？""有多强烈？""你有计划吗？""你有方法吗？""你打算实施你的计划吗？"通常，这些问题更多满足了临床工作者对自杀风险数据的需求，而不是有自杀倾向的人在痛苦中的需求：感受到被倾听、理解和不那么孤独。在向对方提出你的问题之前，邀请对方分享他们的故事，使用被称为"自杀的故事讲述"的叙事方法（Michel & Valach, 2011）。

研究者提供了以下示例，邀请有自杀倾向的人分享他们的自杀故事（pp.71–72）。

- "能和我说说你是怎么走到想要结束生命这一步的吗？"
- "我希望你能和我谈谈导致自杀危机的故事。我会在这里听你讲述。"
- "我希望你用自己的话告诉我，你是如何伤害自己的。"

对方可能会问，要从哪里开始。一个鼓舞的、欢迎的回应是："从任何你想开始的地方就可以。讲故事的方式没有对错之分。"一些有自杀倾向的人会简短而粗略地概述他们的故事，略去了有助于促进联结和治愈的丰富内容。为了鼓励更多的表达，米歇尔和同事（Michel & Gysin-Maillart, 2015）使用了以下提问："好的，你现在已经向我简要说明了事情的经过。现在，让我们更详细地看一下。根据我的经验，自杀想法或自杀尝试背后总是有一个个人故事"（p.72）。

避免打断对方的叙事，除非你想澄清要点或了解更深。你可以用简短的、开放式的问题帮助来访者补上空白:"你能否告诉我更多关于……?""你能帮我理解……吗?""接下来发生了什么?"

叙事性访谈是一项针对自杀尝试者的循证干预的核心部分,这项干预被称为"自杀未遂的短程干预项目"(Gysin-Maillart et al., 2016)。使用叙事方法,你不仅可以了解这个人的故事,还可以以同情、好奇心和尊重的态度来遇见他们的故事。在从有自杀倾向的人的角度对他们的经历有详细的了解之后,你仍然需要进行全面的自杀风险评估(技巧19—34)。首先,围绕他们独特的个人痛苦故事与他们进行联结。

"从没有人让我讲我的故事"

阿尔琼(Arjun)双臂交叉在胸前,等待提问。他刚刚告诉他的新治疗师——一位有执照的专业咨询师——他有自杀的想法。基于经验,阿尔琼知道接下来会发生什么:对他的计划、动机和意图进行审问。

咨询师让他感到惊讶。她没有问这一系列问题,而是说:"我想听听你是怎么想到自杀的。请告诉我你的故事。"

54岁的阿尔琼向她讲述了失败和一文不值的感觉——在漫长的夜晚里,他的思绪在后悔中翻腾,直到太阳升起,然后精疲力竭地去上班。他解释说,会计的工作让他从反刍中分散了注意力,直到再次回到家,忍受同样的循环。

"我想了解更多,"咨询师说,"你是怎么从情绪低落到想到自杀的?"

这个问题让阿尔琼回到了生命的最初几年,将近50年前,他第一次受到父亲的性虐待。虐待持续了10年,直到一位邻居——也是一位受害者——发出强烈呼救,阿尔琼的父亲才被逮捕。从那以后,抑郁心境淹没了阿尔琼,伴有间歇性的愤怒以及对未能保护自己或邻居的无尽的谴责。即使这么多年过去了,后悔还是会吞噬他,持续几个月,然后莫名其妙地缓解1年,也许2年,再重复。每一次攻势都如此强烈,以至于他渴望杀死自己。

"你受了那么多苦，"咨询师说，"你父亲伤害了你那么多年。而现在，你的思维在伤害你。"

她和阿尔琼谈了更多关于他承受的痛苦，以共情和真诚希望理解的态度做出回应。阿尔琼的叙事虽然跨越了数十年，但他只用了10分钟就讲完了。

"现在我觉得很奇怪，"阿尔琼说，"好点了。考虑到这一点相当令人震惊，但以前就是从来没有人让我讲我的故事。"

"没有吗？"咨询师问。

"真的没有，"他说，"这些年来我看过很多精神科医生。他们经常问我是否有自杀倾向。甚至有人问为什么。但不是像你那样。相反，他们想了解我所有的自杀想法，但不是真正关于我。当我说不会，别担心，我不会做任何事，他们基本上就会改变话题。就像他们在保护自己一样，你明白我的意思吗？"

"你是说他们想确保你不会自杀？"咨询师问。

"是的，然后当我向他们保证我不会自杀时，他们就很满意了，因为我不会死，他们也不会被起诉。他们很满意，但我不满意。"

"嗯，"咨询师说，"我也有这些疑问。我关心你，想确保你的安全。"

"我理解，"阿尔琼说，"但你也在听其他人不想听的，我的故事。并且你确实在倾听我，真的听我。我无法告诉你这对我有多重要。这听起来可能很奇怪，但它给了我一点希望。"

参 考 文 献

Gysin-Maillart, A., Schwab, S., Soravia, L., Megert, M., & Michel, K. (2016). A novel brief therapy for patients who attempt suicide: A 24-months follow-up randomized controlled study of the Attempted Suicide Short Intervention Program (ASSIP). *PLoS Medicine, 13*(3), e1001968.

Michel, K., & Gysin-Maillart, A. (Eds.). (2015). *ASSIP: Attempted Suicide Short Intervention Program — A manual for clinicians*. Boston, MA: Hogrefe Publishing.

Michel, K., & Valach, L. (2011). The narrative interview and the suicidal patient. In K. Michel & D. A. Jobes (Eds.), *Building a therapeutic alliance with the suicidal patient*(pp. 63-80). Washington, DC: American Psychological Association.

Rogers, J. R., & Soyka, K. M. (2004)."One size fits all": An existential-constructivist perspective on the crisis intervention approach with suicidal individuals. *Journal of Contemporary Psychotherapy, 34*(1), 7-22.

技巧11: 也询问自杀的意象

> "如果治疗师不询问意象,他们往往就得不到有关的报告。"
>
> (Hackmann et al., 2011, p.62)

许多人报告说他们没有自杀想法,但经过进一步探索,事实证明他们想象过自杀行为或后果的画面(Crane et al., 2012)。这些关于未来行为的意象被称为"闪进(flashforward)",与过去事件的"闪回(flashback)"相对应(Holmes, et al., 2007)。比起口头材料,意象会唤起更强烈的情绪反应(Di Simplicio et al., 2012),因此发现这些闪进尤为重要。

与询问自杀想法(技巧8)一样,直接询问意象很重要。

- "你有关于自杀的白日梦或其他心理画面吗?……关于死亡呢?"
- "当想到自杀时,你会看到什么?"
- "你在想象中排演过自杀吗?"

同时,还要询问与自杀间接相关的意象:"你的脑海中是否有任何关于死亡或自杀的画面,比如你的葬礼或人们的反应?"

确定意象是自主性的还是侵入性的,然后探索人们对想象的心理画面的反应。

- "这些意象让你感觉如何?比如,它们是让你感到舒服,还是不安?"
- "你觉得你能控制这些心理画面的出现吗?……你想让它们停止吗?"
- "这些意象会让你更想自杀吗?还是让你更想活下去?"

自杀行为的意象揭示了人们考虑自杀的强烈程度,但还有一个原因也能说明评估意象的重要性。随着时间的推移,在心里预演自杀会让自杀意象以及自杀行为变得不那么痛苦。人们可能习惯了这个想法,甚至可能更喜欢它。

这与乔伊纳（Joiner, 2005）的理论一致，即人们必须对自杀的恐怖变得麻木，才能战胜求生的本能。因此，仅仅评估自杀意象是不够的。专业人员还需要处理意象，这将在技巧70中介绍。

示例：不同的意象，不同的结果

克拉丽萨（Clarissa）在脑海中看到了自己的葬礼——她的父母在紧闭的茶褐色棺材旁哭泣；她的前夫面无表情，孤身一人；她的同事都惊呆了；门边放着黑色皮革签到簿；棺材旁边放着花环，上面装饰着白色的康乃馨、菊花和金鱼草。这张照片让她感到安慰。在现在的世界里，她感觉没有人关心她。她很孤单。知道人们会怎样为她的死悲痛，这帮助她认识到他们珍重她的生命。

另一方面，杰拉尔多（Geraldo）有一个引人注目的意象，它感觉更像是一个清醒的梦，而不是单纯的想法。他看到自己走到一辆公共汽车前面。他想象着特定的、绿树成荫的街道、树后的玻璃和砖砌的店面、黄绿色的公共汽车，甚至是头顶湛蓝的天空。几个星期以来，这个意象在任意时刻出现在他的脑海中。他既害怕自己的思维受到折磨，又感觉被它的召唤打动。

参 考 文 献

Crane, C., Shah, D., Barnhofer, T., & Holmes, E. A. (2012). Suicidal imagery in a previously depressed community sample. *Clinical Psychology & Psychotherapy, 19*(1), 57–69.

Di Simplicio, M., McInerney, J. E., Goodwin, G. M., Attenburrow, M. J., & Holmes, E. A. (2012). Revealing the mind's eye: Bringing (mental) images into psychiatry. *The American Journal of Psychiatry, 169*(12), 1245–1246.

Hackmann, A., Bennett-Levy, J., & Holmes, E. A. (2011). *Oxford guide to imagery in cognitive therapy.* New York, NY: Oxford University Press.

Holmes, E. A., Crane, C., Fennell, M. J., & Williams, J. M. G. (2007). Imagery about suicide in depression: "Flash-forwards"? *Journal of Behavior Therapy and Experimental Psychiatry, 38*(4), 423–434.

Joiner, T. (2005). *Why people die by suicide.* Cambridge, MA: Harvard University Press.

技巧12： 揭开对住院的恐惧和其他披露的障碍

> "我一直很惊讶有这么多人在第一次被问及自杀意念时断然否认，尽管他们存在这种意念。就算来访者否认，临床工作者也应该尽量不要在一次否认后就离开这个话题。"
>
> （Shea, 2011, p.122）

许多人会隐藏他们的自杀想法（技巧8—9）。他们可能会感到尴尬，害怕评判，将自杀视为禁忌话题，或者害怕被送进精神病院。出于这些原因，即使一个人断然说自己没有想自杀，保持合理的怀疑态度也是明智的。提出后续问题，并探究此人可能隐瞒信息的原因。

技巧9描述了比单一问题更好的询问自杀意念的方法。你可以从一般问题（如"你有自杀的想法吗？"）转移到具体问题（如"你是否希望自己能睡着，永远不要醒来？"），或者相反，从具体到一般。如果一个人说他没有自杀的想法，谢伊（shea, 2009）建议追问一次，但要"弱化"这个问题。例如，谢伊提出了这个后续问题："你是否有过短暂的自杀想法，哪怕只有一瞬间？"

另一种技术是探索此人将来是否愿意披露自杀想法。对方的反应能够揭示目前对披露自杀想法的犹豫。

- "如果你以后想到自杀，你会愿意告诉我吗？"
- "是什么让你很难告诉我你想过自杀？你害怕发生什么事？"

根据我的经验，人们通常担心，如果披露自杀想法，他们将被送往精神病院，在那里他们将无限期地受苦。考虑到来访者对住院的恐惧，你应该解释，需要住院的情况是非常有限的，这也是作为知情同意的一部分。除了与来访者公开讨论这个问题外，我还会在书面协议中声明。

如果你根据自杀想法采取行动的风险极高，我可能需要在未经你同意的情况下采取措施保护你的安全。如果你不打算很快采取行动，那么披露自杀想法或计划并不构成极高风险。如果你对不需要干预的分享范围有顾虑，请告诉我。当存在极端的自杀风险时，我承诺让你充分了解保密的限度。

根据需要重申协议永远不会有坏处。一旦知道即使有严重自杀想法的人通常也不需要住院（技巧35—36），他们可能会更愿意分享。

"你会把我锁在有软垫的房间里"

当心理学家问她是否有自杀想法时，梅洛迪（Melody）摇了摇头。心理学家顿时产生了怀疑。40岁的梅洛迪描述了抑郁和焦虑的症状，这两种情况经常会激发自杀想法。在他的问题和梅洛迪的摇头之间似乎有犹豫，虽然很短暂。

"我在想，"心理学家说，"以后，甚至是现在，如果你有自杀的想法，你觉得你会告诉我吗？"

"我不这么认为，"梅洛迪轻声说，"我会太害怕。"

"哦？你愿意告诉我你害怕什么吗？"

"嗯，老实说，我担心你会把我锁在有软垫的房间里，"梅洛迪说。

"我明白了。你害怕你会被送进医院吗？"心理学家问道。梅洛迪点点头，心理学家继续说："我很高兴你提出这点，这样我可以就这一点澄清。很多人认为，如果他们只是想自杀，他们就会被迫住院。但事实并非如此。我认为住院是最后的手段。只有当你处于自杀的边缘，我才会推荐你住院，即便如此，我也会想看看，是否有其他方法可以保证你的安全。"

"那会是什么样子……处于自杀的边缘？"梅洛迪问。

"这是一种非常极端的情况，"心理学家说，"比如，如果你告诉我，'看，我家里有一把上膛的枪，今晚我要开枪自杀'，并且你不同意有人拿走枪，不愿或不能执行你的安全计划，我就需要采取措施防止你开枪自杀。另一方面，即使你告诉我你每天有好几次想自杀，但如果你近期不打算自杀，不仅我不建议住院，大多数医院也不会接收你。"

"这让我感觉好多了，"梅洛迪说，"我还没到自杀的边缘，但我确实想过。"

"我很感激你觉得可以告诉我，我想听听更多，"心理学家说，"但首先我想多说几句关于医院的事情。我不知道你是否清楚，大多数人只需要住院几天。许多医院都不错——万一真的到了除了住院之外无法保证你安全的地步。我不希望你脑海里有一幅关于住院的恐怖画面。"

"我真的不认为它会发展到那个地步，"梅洛迪说，"我经常想到自杀，但这不是我真正要做的事情。"

"好的，让我们谈谈这个，"他说，"我想听听你是如何想到自杀的……"

参 考 文 献

Shea, S. C. (2009). Suicide assessment: Part 2: Uncovering suicidal intent using the Chronological Assessment of Suicide Events (CASE approach). *Psychiatric Times, 26*(12), 17.

Shea, S. C. (2011). *The practical art of suicide assessment: A guide for mental health professionals and substance abuse counselors.* Stoddard, NH: Mental Health Presses.

第三章
"加入"有自杀倾向的人

技巧13: 认识到，对于某些人来说，你是敌人

"从根本上说，自杀生死攸关的性质可能会使来访者（他们可能将自杀视为一种个人权利）与他们的临床工作者（他们可能认为，使用任何必要手段预防自杀，既是法定的，又是职业的义务）对立。"

（Rudd et al., 2001, p.113）

你和有自杀倾向的人可能有两个不同的议程。有自杀倾向的人想要停止痛苦，而你希望他们活下去。如果你和你的来访者共同努力寻找不涉及自杀的、减少痛苦的方法，那么这些议程可以合在一起。但有时这个人执着于自杀，以至于你们的议程发生冲突，你就可能成为有自杀倾向的人的敌人。如果你让此人非自愿地住院，违背他的意愿让重要他人卷入，或采取其他不受欢迎的措施来确保此人的安全，则尤其如此。在不太极端的情况下，此人可能会认为你试图在他准备好之前将自杀想法从他身边带走，就像父母从孩子手中夺过安全毯一样（技巧55）。

承认和探索不同的议程很重要。当存在敌对立场时，有自杀倾向的人可能会"被迫"向你隐瞒重要的事实和情绪。更糟糕的是，他们可能会完全不再见你，进一步从带来可能和希望的领域退缩。

避免敌对角色的关键是与有自杀倾向的人结成同盟，找到你们目标的共

同点，并在治疗的各个方面与他们合作（技巧14）。解决你可能反对的议程，并与对方公开探讨他们在多大程度上——或在多小程度上——将你视为可以帮助他们的人。还要探究他们是否担心你会以某种方式伤害他们，例如违背他们的意愿让他们住院（技巧12）。最重要的是，尽可能避免试图胁迫或控制对方，这将在下一个技巧中讨论。

"我希望我从未遇见你"

74岁的杰克（Jack）不想去医生的办公室。淡蓝色的纸巾盒、柔和的灯光、坐在棕色皮椅上看着他的医生——所有这些都散发着虚弱的气息。他是越战老兵（Vietnam Veteran）——第三代军人。他并不虚弱。

精神科医生温斯坦博士（Dr. Weinstein）问了一些常规的摄入性问题。杰克透露出模糊、转瞬即逝的自杀想法。他告诉她，他无意采取行动。但温斯坦博士知道，在周末，杰克回到他的地下工作室，并用枪指着自己的头。在他扣动扳机之前，他的妻子米丝蒂（Misty）走了进来。米丝蒂报了警，一辆救护车把他送到了急诊室。他获准出院，条件是在回家之前，让已成年的儿子把枪从他们的家里拿走，并且承诺在周一与精神科医生见面。

"我在想一件事，"温斯坦博士说，"我们彼此陌生。我知道向陌生人讲述关于自己的非常私密的信息会让人感到不舒服。你想在这里和我聊聊吗？"

杰克摆弄着他的帽子，轻声笑了起来。"不，女士，"他说，"说实话，我希望我从未遇见你。"

"好吧，所以你不想在这里。你能告诉我更多吗？"她问。

"我想你帮不了我。你只是来阻止我做我可能想做的事，那是命运赋予我的权利——按照我的意愿结束我的生命。"

"我明白了，如果你想自杀，我就是你前进道路上的障碍，"温斯坦博士说，"显然，作为关心你的医疗专业人员，我不希望你结束自己的生命。

然而，根据你之前对我问题的回答，你在一定程度上还是想死。所以我们有不同的议程。对你来说这是什么感觉？"

"老实说，我没有任何冒犯的意思，但这几乎让你成为我的敌人。我来这里只是因为我的妻子和急诊医生坚持。我在这件事上没有任何权利。我觉得自己像个孩子。"

"你觉得我是敌人是有道理的，"温斯坦博士说，"我觉得我是自杀的敌人，但也是你想要活下去的那部分的盟友。现在你在这里，有什么我们可以一起做的事情，能帮助你想要活下去吗？"

杰克沉默了一会儿。然后说，"如果你能给我一些帮助我睡眠的东西，那就是一个开始。我已经2个月没有睡过一个完整的觉了。如果你能做些什么，来帮助我平息脑海中的所有噪音，那也很好。"

现在双方有了共同的目标。他们就帮助杰克入睡和平静思绪结成了同盟。为了他的生存，温斯坦医生避免了与这位公开敌对的来访者的权力斗争。

参 考 文 献

Rudd, M. D., Joiner, T., & Rajab, M. H. (2001). *Treating suicidal behavior: An effective, time-limited approach.* New York, NY: Guilford Press.

技巧14： 尽可能避免胁迫和控制

"从开始、到中间、再到结束——合作是关键。"

(Jobes, 2016, p.4)

为了防止有自杀倾向的人死亡，许多心理健康专业人员会诉诸胁迫和控制行为，这是可以理解的。但这种立场会加剧专业人员与有自杀倾向的来访者之间的敌对（技巧13），造成权力斗争，并疏远来访者。与胁迫和控制相对的是合作。与助长敌对关系相反，合作要求你和有自杀倾向的人联合起来，对抗推动自杀愿望的力量。

胁迫是从有自杀倾向的人那里获取承诺——有时是书面合同的形式——承诺不会尝试自杀（技巧37）。合作是与有自杀倾向的人一起制订计划，确定保持安全的工具和资源（技巧38）。

胁迫像是向有自杀倾向的人发出最后通牒：要么放弃自杀的选择，要么寻找另一位治疗师。合作是不带评判地探索此人对自杀的依恋（技巧55），同时努力帮助此人找到替代解决方案（技巧60—62）。

对那些自杀意念还没有上升到紧迫风险水平的人，胁迫他们去精神病院住院——甚至在某些情况下是威胁——常常被用作一种手段，来缓解治疗师与有自杀风险的人一起工作的焦虑（技巧36）。合作则是双方共同努力使来访者远离医院，除非在面对极端危险时，为了挽救来访者的生命而不得不选择住院（技巧35）。

治疗有时需要一定程度的胁迫和控制，以确保来访者的人身安全。在有紧迫自杀风险的情况下，你可能要胁迫对方同意住院，甚至是控制并要求非自愿住院治疗（技巧35）。请记住，当必须采取强制措施来保护安全或设定限制时，目的是帮助有自杀倾向的人。如果不必要地使用了强制措施，目的通常是帮助减轻助人者经常出现的焦虑。

详述：自杀的合作评估和管理

与有自杀倾向的人建立合作伙伴关系的一个关键框架是由心理学家戴维·乔布斯（David Jobes, 2016）开发的自杀的合作评估和管理（Collaborative Assessment and Management of Suicidality, CAMS）。CAMS方法认为"临床同盟是提供可能挽救生命的一系列临床干预措施的基本工具"（Jobes, 2009, p.3）。为了培养这种同盟，CAMS采取与有自杀倾向的人合作的立场，以帮助解决导致自杀愿望的问题和痛苦，而不是反对对方的自杀计划。CAMS的合作立场与本书中的许多技巧和技术是一致的。CAMS呼吁帮助来访者制订安全计划（技巧38）并尽可能避免住院（技巧36）。CAMS治疗师承认死亡愿望是有道理的（技巧17），承认自杀始终是一种选择（技巧18），持续关注自杀倾向和导致人们考虑自杀的问题（技巧44），并通过探索计划、梦和未来的目标以产生希望（技巧63）。值得注意的是，CAMS可以与任何理论取向或临床方法结合使用。

CAMS的合作精神有具体的体现。在风险评估会谈时，如果来访者同意，临床工作者会坐在来访者旁边，二人作为伙伴并肩完成风险评估，并互相递交表格。以类似的方式，有自杀倾向的人也会成为治疗计划的"共同作者"。一定要事先征得对方的同意，才能坐在他们旁边。正如乔布斯（Jobes, 2016）指出的那样，"坐在来访者旁边绝不是随意而为的。提出这个要求时必须是真诚的，对个人空间、感知状态、创伤史、性别和文化动力保持高度敏感性"（p.55）。

有关CAMS的研究结果很有前景。在七项相关研究（Jobes et al., 2015）和两项随机对照试验（这被认为是干预研究的黄金标准）中，CAMS与自杀意念的减少相关。在一项随机对照试验中，与对照组相比，接受CAMS护理的自杀门诊来访者在自杀意念、绝望和整体痛苦方面有更大程度的减少（Comtois et al., 2011）。在另一项随机对照试验中，患有边缘型人格障碍和近期自杀未遂的被试接受了CAMS或辩证行为治疗

（dialectical behavior therapy, DBT），这也是一种减少自杀行为的循证治疗方法（Andreasson et al., 2016）。结果是 CAMS 组尝试自杀或进行非自杀性自伤的人更少。尽管统计学差异不显著，但值得注意的是，这超出了研究者认为 DBT 会更好的预期。住院环境中的自然比较研究还表明，CAMS 护理比常规治疗更能显著减少自杀意念和自杀认知（Ellis et al., 2015）。

有关 CAMS 的更多信息，可参见《自杀风险的评估与管理：一种合作式的方法》（Jobes, 2016）。这本书详细描述了 CAMS 的程序和理念、评估措施、相关的定量和定性研究结果，包含贯穿全书的详细个案以及在不同的群体和环境中怎样调整 CAMS。

参 考 文 献

Andreasson, K., Krogh, J., Wenneberg, C., Jessen, H. K., Krakauer, K., Gluud, C., ... & Nordentoft, M. (2016). Effectiveness of dialectical behavior therapy versus collaborative assessment and management of suicidality treatment for reduction of self-harm in adults with borderline personality traits and disorder: A randomized observer-blinded clinical trial. *Depression and Anxiety, 33*(6), 520-530.

Comtois, K. A., Jobes, D. A., O'Connor, S., Atkins, D. C., Janis, K., Chessen, C. E., ... & Yuodelis-Flores, C. (2011). Collaborative assessment and management of suicidality (CAMS): Feasibility trial for next-day appointment services. *Depression and Anxiety, 28*(11), 963-972.

Ellis, T. E., Rufino, K. A., Allen, J. G., Fowler, J. C., & Jobes, D. A. (2015). Impact of a suicide-specific intervention within inpatient psychiatric care: The Collaborative Assessment and Management of Suicidality. *Suicide and Life-Threatening Behavior, 45*(5), 556-566.

Jobes, D. A. (2009). The CAMS approach to suicide risk: Philosophy and clinical procedures. *Suicidologi, 14*(1), 3-7.

Jobes, D. A. (2016). *Managing suicidal risk: A collaborative approach* (2nd ed.). New York, NY: Guilford Press.

Jobes, D. A., Au, J. S., & Siegelman, A. (2015). Psychological approaches to suicide treatment and prevention. *Current Treatment Options in Psychiatry, 2*(4), 363-370.

技巧15: 克制劝说或提供建议的冲动

"对自杀愿望共情，意味着站在有自杀倾向的人的角度，'看到'这个人是如何走到死胡同的，而不去干预、阻止或纠正自杀愿望。"

(Orbach, 2001b, p.173)

倾听一个想死的人可能会非常具有挑战性。你可能会想提供建议或保证，说服对方他们的自杀想法是错误的，或者用其他方式说服对方放弃自杀，这是可以理解的。然而，过早地挑战自杀立场可能会使对方感到疏远，从而加剧他们的绝望感。正如心理学家乔布斯和精神病学家马尔茨伯格指出的那样，有自杀倾向的人"既不需要讲座也不需要鼓舞士气的演讲"(Jobes & Maltsberger, 1995, p.209)。为了感到被倾听、被理解和不那么孤单，这个人需要共情。

共情的立场并不要求你宽恕自杀。相反，共情意味着以对方看待事物的方式看待事物，就好像你是那个人；但同时，永远不要忽视你并非真的是那个人 (Rogers, 1959)。你不仅了解这个人受到了多少伤害，还了解为什么他认为自杀是一个合理且诱人的选择。心理学家奥巴赫将此称为"完全认同边缘的极端共情"(Orbach, 2001a, p.141)。

考虑一个假想的情景：一位危机咨询师被叫到高楼屋顶上，一个年轻人坐在那里。他打算跳下去。咨询师告诉那个人，"我会试着说服你不要自杀"。咨询师认为自杀是一个"可怕的错误"，并试图向对方保证"最糟糕的情况已经过去了"。咨询师说，"这种痛苦是暂时的，"然后让这个年轻人考虑朋友和家人的痛苦，他们会为他的死感到悲伤。

咨询师遵循了心理学家奥默和哲学家叶利楚尔 (Omer & Elitzur, 2001) 提出的自杀预防脚本。这些请求很有说服力，但也存在问题。几乎可以肯定的是，有自杀倾向的人已经考虑了所有要点，并且出于某种原因不愿接受它们。说服的努力可能会关闭进一步探索此人想法和感受的大门。更糟糕的是，反对自杀的争论可能会将咨询师和有自杀倾向的人置于对立立场，每个人都想为自己的观点辩护。

描述这个脚本的文献受到了另一篇文献的挑战。第一篇文章的标题是"你会对屋顶上的人说什么？（What would you say to a person on the roof?）"，第二篇文章是"你会怎样倾听屋顶上的人？（How would you listen to a person on the roof?）"（Orbach, 2001a）。共情地倾听有自杀倾向的人，不要试图劝说他们放弃自杀，不要肤浅地保证事情会好转（怎么会有人真正知道？），不要警告他们自杀对他人的影响，也不要草率地冲上去帮助解决问题或处理他们的处境。

我们有时间去质疑有自杀倾向的人关于无价值、绝望等的断言。无论如何，不要将此人的感受当作事实接受（技巧66—70）。首先，倾听。倾听时不要立即尝试改变你听到的内容，无论听起来有多难。

"我是个坏人，不配活下去"

现在是凌晨3点，17岁的约瑟夫（Joseph）仍然醒着，虽然他很不情愿。想法在他的脑海中飞驰，形成了一种自我憎恨和绝望的反刍。他拨通了危机热线。"我睡不着，"他告诉电话另一端的咨询师，"我无法停止地认为自己是个坏人，我不配活下去。"

热线咨询师本能地想说，"你是个好人，并且绝对值得活下去。"但她知道，这些话是空洞的。她是个陌生人。即便她用安慰来反驳他的严厉言辞，他也不太可能顿悟，意识到自己是个好人。相反，他可能会感到孤独和被误解。他可能会认为咨询师不想知道他的感受，甚至可能无力提供帮助，进一步加深他的破碎感。

所以咨询师克制了说服对方摆脱自我憎恨的冲动。相反，她说，"觉得自己很坏，不配活下去，这一定很痛苦。可不可以告诉我更多……"

参 考 文 献

Jobes, D. A., & Maltsberger, J. T. (1995). The hazards of treating suicidal patients. In M. B. Sussman (Ed.), *A perilous calling: The hazards of psychotherapy practice* (pp. 200–214). Oxford: John Wiley & Sons.

Omer, H., & Elitzur, A. C. (2001). What would you say to the person on the roof? A suicide prevention text. *Suicide and Life-Threatening Behavior, 31*(2), 129–139.

Orbach, I. (2001a). How would you listen to the person on the roof? A response to H. Omer and A. Elitzur. *Suicide and Life-Threatening Behavior, 31*(2), 140–143.

Orbach, I. (2001b). Therapeutic empathy with the suicidal wish: Principles of therapy with suicidal individuals. *American Journal of Psychotherapy, 55*(2), 166–184.

Rogers, C. (1959). A theory of therapy, personality and interpersonal relationships, as developed in the client-centered framework. In S. Koch (Ed.), *Psychology: A study of science* (Vol. 3, pp. 184–256). New York, NY: McGraw-Hill.

技巧16: 了解一个人想死的原因

"重要的是，助人者要耐受并邀请……说明想死的原因。"

（Draper et al., 2015, p.264）

为了了解一个人的自杀意图，你必须了解他为什么想死，这是不言而喻的。如果你采用叙事方法（技巧10），那么自杀吸引人的原因通常会自然出现。但你需要确保你真正理解是什么驱使着这个人的自杀愿望。

一个有用的技巧是请对方说服你，为什么自杀是最好的选择。奥巴赫（Orbach, 2001）指出，"作为一种策略，我要求有自杀倾向的人真正地'说服'我，自杀是唯一的解决方案，并共情地与他们沟通"（p.173）。为确保你完全理解对方考虑自杀的原因，请总结并询问理解是否正确。理想情况下，对方会说"是的，就是这样。"注意"是的，但是……"的回答。虽然"是的，但是……"有时提示着抗拒改变，但更多时候是治疗师没有完全理解的迹象。如果有自杀倾向的人在你总结他们考虑自杀的原因时说"是的，但是……"，或者以其他方式表示你没有完全理解，这将是一个澄清的机会。你可以这样说，"我想我没有完全理解你经历的痛苦。我错过了什么？"

另一个有用的技巧是让这个人列出想死的原因。然后邀请他对每个原因的重要性进行排序，从最重要到最不重要。这是自杀状态问卷（技巧21）的一个组成部分（Jobes, 2016）。这份清单在后面探索矛盾心理和比较死亡理由与生存理由的时候（技巧57）也会派上用场。

这些简单的回应、共情和好奇心的行动还有一个额外的好处，那就是确保你见证了这个人的痛苦，并且没有试图修复、改变或说服他摆脱痛苦（技巧15）。通过探索想死的原因，你表示愿意加入他，去到他生命中那个曾被许多人拒绝的地方。

"是的，但是那不是全部"

情况是在她生下女儿几天后开始的。33岁的阿依莎（Ayshah）每晚都睡不了几小时，即使在孩子安静地睡着时也是如此。一阵阵莫名其妙的哭泣接踵而至，来自一种无由的绝望感。阿依莎的丈夫是乐于提供帮助和支持的，但她感到与那些爱她的人隔离了。并且，孩子没有给她带来快乐。现在她的孩子满6个月了，阿依莎认为自己不是一个好妈妈。"没有我她会过得更好，"阿依莎说，"我无法用爱来满足她的爱。"

在她说话时，执业咨询师齐克里（Zikri）多次想要纠正她的认知歪曲。如果母亲死了，婴儿怎么会过得更好呢？他想。创伤将伴随她女儿的余生。产后抑郁是暂时的。而她女儿的损失将是永久的。他让这些想法保持沉默。他需要理解，而不是说服。

齐克里总结了他对阿依莎想死的原因的理解，但没有发表任何评论。"这听起来像是，你想结束自己的生命，因为你遭受了如此多的情绪痛苦，"他说，"而且你确信事情不会变得更好。"

"是的，但是那不是全部"，她说。

"我想更好地理解。我遗漏了什么？"齐克里问。

她低下头哭了起来。"我是个失败者，"她说，"作为一个母亲，我是个失败者。"

"那种感觉一定很痛苦，"他说，"我敢打赌，你本希望这是一段快乐的时光。"

"是的，"她说，"我本以为我会快乐，而不是这样悲惨。"

齐克里更好地理解了他的来访者想要死的原因。这些知识将有助于培养联结和共情的治疗态度，同时也指导着他规划干预措施，以帮助阿依莎恢复活下去的愿望。

参 考 文 献

Draper, J., Murphy, G., Vega, E., Covington, D. W., & McKeon, R. (2015). Helping callers to the National Suicide Prevention Lifeline who are at imminent risk of suicide: The importance of active engagement, active rescue, and collaboration between crisis and emergency services. *Suicide and Life-Threatening Behavior, 45*(3), 261–270.

Jobes, D. A. (2016). *Managing suicidal risk: A collaborative approach* (2nd ed.). New York, NY: Guilford Press.

Orbach, I. (2001). Therapeutic empathy with the suicidal wish: Principles of therapy with suicidal individuals. *American Journal of Psychotherapy, 55*(2), 166–184.

技巧17：" 认可" 想死的愿望

"想要自杀是对情绪痛苦的一种有效的、可以理解的反应。"

（Chiles & Strosahl, 2005, p.97）

"认可（Validate）"这个词有很多含义。在心理治疗的背景下，当你向一个人传达，他的情绪、行为、愿望和恐惧在他个人经历的背景下是可以理解的时，认可就发生了。莱恩汉（Linehan, 1997）指出，无论一个人的想法、感受或行为多么微不足道，总有一些东西可以被认可。在希望自杀的情况下，你的挑战是找到有意义的部分——莱恩汉称之为"智慧之粒"（Linehan, p.359）——并承认这是对这个人正在经历的事情的合乎逻辑的反应。

认可一个人的死亡的愿望并不等于肯定自杀是正确的（即有效的）选择。正如莱恩汉指出的那样，"认可与社会期望无关，也不是赞美的同义词"（p.358）。认可是共情的证据，而不是同意。因此，对于那些确信自己永远不会好转，并因此认为自己应该自杀而死的人，你可以认可，他们已经无法再忍受痛苦和绝望了。你可以认可，在许多情况下，无尽的痛苦会导致对自杀的渴望。你可以提到，在同样的情况下，很多人也会想自杀。换句话说，你明白为什么对方认为自杀是解决痛苦的方法——即使你并不同意。

"我只想停止这种痛苦"

创伤记忆无情地折磨着卢佩（Lupe）。她是海军陆战队的退役军人，曾在2002年至2007年期间在伊拉克服役3次。在回到美国过了5年的平民生活后，当面对她经历和见证过的创伤的提醒物时，她仍然会经历闪回和惊恐发作。

"我永远不会好起来，我只会让我的父母和兄弟失望，"在完成摄入性会谈时，39岁的卢佩告诉临床社工，"他们无时无刻不在担心我。如果我自杀了,他们就可以继续他们的生活了。"

"那太痛苦了,"社工说,"你在伊拉克的经历是创伤性的。你觉得自己永远不会好起来,你讨厌你的创伤对所爱的人的影响。综上所述,我能理解你为什么想自杀。"

"真的吗?你真的不认为我想把自己搭进去是疯了吗?"卢佩问。

"不,"社工说,"如果你真的对事情变好没有任何希望,那么考虑自杀是有道理的。你很痛苦,而死亡似乎是结束痛苦的一种方式。"

"就是这样,"卢佩说,"我只想停止这种痛苦。"

"当然,"社工说,"你经历过'地狱'般的生活。随着我们更好地了解彼此,我们可以讨论的事情之一是,如何用结束生命之外的其他方式摆脱'地狱'。"

参 考 文 献

Chiles, J. A., & Strosahl, K. D. (2005). *Clinical manual for assessment and treatment of suicidal patients*. Washington, DC: American Psychiatric Publishing.

Linehan, M. M. (1997). Validation and psychotherapy. In A. C. Bohart & L. Greenberg (Eds.), *Empathy reconsidered: New directions in psychotherapy* (pp. 353–392). Washington, DC: American Psychological Association.

技巧18: 承认自杀是一种选择

> "不要直接建议说自杀不是一种选择——来访者知道自杀总是一种选择，治疗师的直接反对只会破坏融洽的关系。"
>
> （Froggatt & Palmer, 2014, p.157）

有自杀倾向的人经常面临（他人）对自杀的否定。亲人和社会信息通常会想尽办法证明自杀是错误的。这些反对自杀的论点可能会把一个人推向角落——他们不得不为"自杀是一种选择"辩护。如果你也坚持认为自杀不是一种选择，你就有可能与来访者发生权力斗争，这会削弱治疗联盟，并分散你和对方的注意力，使你们无法专注于建设性的解决方案。

作为一个肩负着帮助对方活下去的责任的人，你可能会担心，接纳自杀是一种选择，是在表达对自杀的认可。恰恰相反，这种接纳只是反映了事情的真相。除了极端情况，比如一个人缺乏做出自杀尝试的身体能力，否则人们都有能力结束自己的生命。如果你不知道坐在你面前的人打算自杀，那么你几乎无法阻止自杀的发生。通过承认自杀是一种选择，你可以让对方自由地与你一起探讨，与其他选项相比，自杀是不是最佳选择。

"你不能让我继续活着"

斯蒂芬（Stefan）是一家精神病院的护士，在进行摄入性会谈时，他看着坐在他对面的蓝发少女。当他询问有关自杀想法的问题时，对方似乎变得焦躁不安。

"你不能保证我活着，"这位叫伊齐（Izzy）的少女说，"我的意思是，每个人都想让我停止考虑自杀。但这是我的选择。并且他们不可能在我余生的每分每秒都和我在一起，以确保我不做什么。"

"要放弃自杀作为一种选择让你真的感到有压力，"斯蒂芬说。

> "有时我只是为了证明没有人能阻止我自杀,才会想自杀,"伊齐说。
>
> "好吧,我同意你的看法,没有人能保证你活着,"斯蒂芬说。
>
> "你真的同意?"伊齐明显感到惊讶。她着实没预料到,护士会同意她的看法。
>
> "当然,"斯蒂芬说,"我当然希望你活下去,我会尽我所能帮助你活下去。但我也知道,如果你决定要自杀,并且不告诉任何人或留下任何线索,那么真的没有任何人可以阻止你,不是吗?"
>
> "这就是我一直在说的,"伊齐说,"但每个人都反对我。"
>
> "是的,"斯蒂芬说,"反正你总是可以决定自杀,在那之前,你愿意先尝试一些其他的事情吗?我做这项工作已经20年了,有那么多不同的东西等着你去尝试,我相信你会感觉更好。"
>
> "什么样的东西?"伊齐问。护士开始解释,而伊齐做了一件在之前与其他人讨论自杀替代方案时没有做过的事情:她开始倾听。

参考文献

Froggatt, W., & Palmer, S. (2014). Cognitive behavioural and rational emotive management of suicide. In S. Palmer (Ed.), *Suicide: Strategies and interventions for reduction and prevention* (pp. 139–172). New York, NY: Routledge.

第四章

评估危险

技巧19: 收集有关自杀想法和行为的其余要点

"对自杀风险的准确理解始于对来访者自杀想法的彻底和详细的理解。"

(Rudd, 2014, p.332)

  自杀想法本身并不一定是危险的迹象。2014年,美国大约有1000万名成年人认真考虑过自杀(Lipari et al., 2015)。同一时期,美国有4万多名成年人死于自杀。这意味着仅有不到0.5%的有自杀意念的成年人最终死于自杀。显然,为了更好地了解风险,有必要超越自杀想法,进行全面的自杀风险评估。

  前面的技巧10讨论了倾听有自杀倾向者的故事的价值,而不是用问题压倒他们。风险评估访谈不应该是一种审讯。然而,有一些需要涉及的重要领域,来访者往往不会在叙事中涵盖全部。你通常需要提出后续问题来填补空白。

  以下主题结合了良好的社会心理评估和诊断性访谈,是对急性和慢性自杀风险做出合理评估的必要条件(技巧32—33)。社会心理评估应包括来访者的精神症状和诊断、创伤史、物质使用、自杀家族史以及其他自杀风险因素。以下主题针对来访者的自杀想法和行为。提供的示例是为了说明目的,建议你使用技巧9中描述的有效性技术,根据每个来访者的情况定制问题。

自杀想法和意象

技巧8—12描述了发现自杀想法和意象的各种方法。理想情况下治疗师会使用各种技术来鼓励披露,以下问题则包含了基本原理。

> "你希望自己死掉吗?"
>
> "你想杀死自己吗?"
>
> "你会看到与自杀有关的心理画面或意象吗?……或者笼统地说,与死亡有关的?"

想死的诱因和理由

正如技巧16所讨论的,有必要探讨来访者为什么想死。这一信息通常会在叙事性访谈中自发出现(技巧10)。通常情况下,人们会给出一个已经持续了一段时间的理由(如,"我患抑郁症6个月了"或"我妻子上个月离开了我")。在这种情况下,你需要询问是什么使痛苦转变为自杀的绝望。

> "你考虑自杀的理由是什么?"
>
> "最近有什么变化使你想到自杀(或更多地想到自杀)?"

自杀想法或意象的频率

了解对方每天或每周有多少次想到自杀。正如技巧9中所讨论的,放大症状(Shea, 2011)可以帮助减少羞耻感,并引出诚实的回应。

> "你每天会有多少次想自杀？20次？30次？"
> "你多久想到一次自杀？每小时？每天？"

强　　度

了解自杀愿望强度的一个方法是要求来访者在量表上评分。

> "从0到10打分，0代表完全不想自杀，10代表完全想自杀，你想自杀的程度是多少分？"

注意不要将"强度"与"意图"混淆。有人可能非常想死，但却没有任何实际行动的愿望。

持 续 时 间

评估几个时间要素：自杀想法第一次出现，最近一次自杀想法出现以及自杀想法在某天出现时持续的时间。

> "你第一次出现自杀的想法是什么时候？"（开始时间）
> "这一次，你是什么时候开始想自杀的？"（最近的一次发作——如果当前不是第一次发作）
> "想想有代表性的一天，自杀想法会持续多长时间？"（持续时间）

持续时间尤其重要，因为有些人的自杀想法只是一闪而过，他们会立即否定，而另一些人则会在数小时内沉浸在自杀想法中。显然，自杀想法持续的时间越长，从临床角度来看就越令人担忧。

方法和手段

了解此人考虑过使用哪些方法来结束自己的生命以及是否有办法实施。这些信息显然对安全计划至关重要（技巧38），它也为你判断风险提供了依据（技巧32—33）。如果来访者指明了一种方法，要问他们还在考虑哪些其他方法。无论对方是否透露枪支是一种可能的选项，都要询问对方是否拥有或能够接触到枪支（技巧23）。

> "你想过哪些自杀的方法？……你还想过什么其他方法？……还有什么？"
>
> "你拥有多少支枪？"

准备工作和计划

一个人的自杀计划和准备越详细，他的危险性就越高（Joiner et al., 2003）。准备工作可能包括购买枪支或其他自杀工具、写遗嘱或遗书、整理个人财物、赠送财物、决定自杀的时间和地点或"排练"自杀行为。

> "如果有，你采取了什么行动为自杀做准备？"
>
> "你是否采取了措施将事务安排妥当，比如整理财物，处理财务细节，或者写遗书？"
>
> "你是否以任何方式'排练'过自杀？"
>
> "你会在哪里自杀？……什么时候？……如何自杀？"

自杀意图和时间

重要的是要了解这个人在多大程度上打算对自杀想法或意象采取行动，以及何时采取行动。即使是强烈的自杀想法，如果来访者不打算付诸行动，也可能不会立即造成危险。在这里，量化问题也是很好的方法。

> "你在多大程度上打算对自杀想法采取行动？从0到10打分，0代表完全没有打算，10代表完全打算杀死自己。"

时间同样重要。有人可能百分之百肯定地说，他们将自杀身亡，但在进一步询问后，会透露自己计划在几十年后，身体虚弱到无法独立生活时自杀。

> "如果你对自杀想法或意象采取行动，你认为你什么时候会这样做？"（如有必要，可以问："几小时内？……几天内？……几周内？"）

下面的问题关注了来访者离开咨询室后的意图和时间。

> "你认为在离开这里之后，你有多大可能会对自杀想法采取行动？……在未来的一两天内？……接下来的几周？"

可 控 性

一个人抵制自杀冲动的能力（包括感知的和实际的）是风险的一个重要标志。特别值得关注的是那些经历过要求他们自杀死亡的命令幻觉（command hallucination）的人（Shea, 2011）。

> "你能在多大程度上控制自己将自杀想法付诸行动？"

自杀未遂史

尽管多数自杀未遂的人最终没有死于自杀，但之前的自杀未遂仍然使他们自杀的风险明显更高（Runeson et al., 2016）。收集有关信息，包括尝试自杀的次数、时间、原因、使用的方法（一种或多种）、受到的伤害、接受的治疗以及自那时以来支撑他们活着的东西。

> "你尝试过多少次自杀？"
> "告诉我导致你尝试自杀的故事……"

既往最严重的自杀意念

研究表明，一个人在最严重的自杀事件中的自杀想法和计划的强度，比目前的自杀想法水平更能预测最终的自杀（Beck et al., 1999; Joiner et al., 2003）。

> "在你的生命中，你什么时候最想自杀而死？……请告诉我关于……"

追问来访者有关自杀的愿望、计划、意图、准备，以及在最糟糕的时期的自杀行为。还要询问这个人是如何活下来的。

非自杀性自伤史

尽管根据定义,非自杀性自伤不是自杀行为,但它是自杀风险增加的标志之一(Wilkinson, 2011)。收集有关来访者自伤的频率、时间、做了什么、经历了什么伤害以及自伤有什么积极作用(如,分散焦虑)的信息。技巧77更深入地解释了非自杀性自伤。

> "你是否曾经在不打算自杀的情况下伤害自己?……你做了什么?……频率如何?"
>
> "伤害自己在哪些方面对你有帮助?"

总 结

本技巧介绍了如何更全面地了解来访者的自杀想法和行为的性质。如果这个人有长期的自杀史,那么要收集的信息可能会多得让人难以承受。技巧20描述了一种用系统和可管理的方式获得信息的方法,即自杀事件的时间顺序评估(Chronological Assessment of Suicide Events, CASE; Shea, 2011)。

参 考 文 献

Beck, A. T., Brown, G. K., Steer, R. A., Dahlsgaard, K. K., & Grisham, J. R. (1999). Suicide ideation at its worst point: A predictor of eventual suicide in psychiatric outpatients. *Suicide and Life-Threatening Behavior, 29*(1), 1–9.

Joiner, T. E. Jr., Steer, R. A., Brown, G., Beck, A. T., Pettit, J. W., & Rudd, M. D. (2003). Worst-point suicidal plans: A dimension of suicidality predictive of past suicide attempts and eventual death by suicide. *Behaviour Research and*

Therapy, 41(12), 1469−1480.

Lipari, R., Piscopo, K., Kroutil, L. A., & Miller, G. K. (2015). Suicidal thoughts and behavior among adults: Results from the 2014 National Survey on Drug Use and Health. NSDUH Data Review. Rockville, MD: Substance Abuse and Mental Health Services Administration.

Rudd, M. D. (2014). Core competencies, warning signs, and a framework for suicide risk assessment in clinical practice. In M. K. Nock (Ed.), *The Oxford handbook of suicide and self-injury* (pp. 323−326). Oxford: Oxford University Press.

Runeson, B., Haglund, A., Lichtenstein, P., & Tidemalm, D. (2016). Suicide risk after nonfatal self-harm: A national cohort study, 2000−2008. *The Journal of Clinical Psychiatry, 77*(2), 240−246.

Shea, S. C. (2011). *The practical art of suicide assessment: A guide for mental health professionals and substance abuse counselors.* Stoddard, NH: Mental Health Presses.

Wilkinson, P. O. (2011). Nonsuicidal self-injury: A clear marker for suicide risk. *Journal of the American Academy of Child & Adolescent Psychiatry, 50*(8), 741−743.

技巧20： 了解先前的自杀危机——CASE方法

"根据我的经验，自杀评估中的大多数错误并不是由一个糟糕的临床决定造成的。它们来自在一个糟糕或不完整的数据库中做出的好的临床决策。"
（Shea, 2011, p.150）

通常，了解一个人的自杀想法和行为史是一项艰巨的任务。特别是当一个人在数月或数年内有过自杀的想法或尝试时，要收集的信息可能会让人不知所措。CASE方法——自杀事件的时间顺序评估——旨在使这项任务更易于管理。CASE方法不是在一个自由流动的过程中收集关于自杀过程的所有事实、感受和想法，而是将信息分成四个部分（Shea, 2011）。

1. 出现自杀想法和行为（48小时内）；
2. 近期的自杀想法和行为（过去2个月内）；
3. 较远的自杀想法和行为（2个月前）；
4. 当下的自杀想法。

这种顺序适合自然对话（Shea, 2009）。通常情况下，来访者会希望首先讨论他们最近的自杀想法。CASE方法将当下的想法留到最后，是出于以下原因。第一，对过去自杀行为的讨论让人有时间建立起舒适感和信任感，使人更容易披露目前的自杀想法。第二，自杀的想法和意图可能在会谈过程中发生变化。即使来访者在会谈开始时谈及当下的自杀想法，你也需要在接近尾声时重新讨论这个话题。

CASE方法由精神病学家谢伊（Shea, 2011）开发。他认识到，一个人的自杀史越多，错过重要信息的机会就越大。通过将广阔的领域划分为更小的、定义明确的部分，可以减少遗漏错误的机会。

协调叙事和CASE方法

叙事方法（技巧10）和CASE方法在某些方面是相互矛盾的。叙事方法邀请自杀者用自己的方式讲述他们的故事，没有形式或结构。而CASE方法规定了询问的具体时间和顺序。这两种不同的方法可以在一定程度上进行整合。例如，不是像叙事性访谈那样在前面说："我想听听你是如何将自杀当作一种选择的"，而是将其分解为对特定时间段的邀请："我想听听你在过去几天里的自杀想法的故事。"叙事方法和CASE方法的共同优点是它们引出的信息具有深度，不像一些常见的风险评估方法，过分依赖对自杀风险的关键领域的表面和公式化提问。

参 考 文 献

Shea, S. C. (2009). Suicide assessment: Part 2-Uncovering suicidal intent using the Chronological Assessment of Suicide Events (CASE Approach). *Psychiatric Times, 26*(12), 17.

Shea, S. C. (2011). *The practical art of suicide assessment: A guide for mental health professionals and substance abuse counselors*. Stoddard, NH: Mental Health Presses.

技巧21： 谨慎使用标准化问卷

"任何量表，或其中的某个部分，都不能代替对自杀意念的全面临床评估。"

（Simon, 2011, p.166）

为了帮助估计一个人的自杀风险，研究者们开发了一系列的量表和问卷。使用这些标准化问卷有利有弊。一个好处是，许多人在书面问卷中比在面对面访谈中更容易透露自杀想法（Kaplan et al., 1994; Yigletu et al., 2004）。另一个好处是，用分数来量化自杀意念，提供了一种评估进展和进行长期比较的方法。（在某种程度上，简单地要求一个人在0—10的范围内给自杀意念打分，也可以达到同样的目的。）总的来说，自杀评估问卷可以帮助开启围绕不同自杀想法深入探讨的大门。

使用自杀风险量表也有一些重要的弊端。最值得注意的是，它们几乎没有什么预测价值（Brown, 2002）。一些量表有很高的假阳性率，即错误地将某人标记为自杀高风险；还有一些量表则有相反的问题，错过了大量有真正风险的人（Quinlivan et al., 2016）。有研究报告了假阳性和低预测价值的例子。研究人员评估了精神科门诊来访者的绝望程度，然后在8年的时间里追踪哪些人死于自杀（Beck et al., 1990）。研究人员发现，几乎所有死于自杀的人在贝克绝望量表上的得分都在9分或以上。那么，人们可能会假设，得分至少为9分是高自杀风险的标志。然而，几乎2/3的没有死于自杀的人在绝望量表上的得分也达到了9分或以上。

标准化量表也有其他局限性。没有一个既定的自杀风险评估量表在少数群体中进行过广泛的研究。此外，使用标准化自杀风险问卷的专业人员有可能过度依赖这些问卷，而错过与来访者就其自杀愿望和计划进行深入讨论的机会。

在考虑了这些注意事项后，下面将介绍几种与自杀有关的问卷。

哥伦比亚自杀严重程度评定量表

哥伦比亚自杀严重程度评定量表（The Columbia Suicide Severity Rating Scale, C-SSRS）被广泛用于研究，涵盖了自杀意念和行为的各个方面。该量表的篇幅相当长。如果用作结构化访谈，量表中一连串的问题可能看起来像是审讯，这与叙事方法相悖（技巧10）。作为了解和追踪来访者自杀意念的一种方式，C-SSRS也有简短的筛选表版本供人填写。筛选表会询问各种程度的自杀意念、计划和行为。其中一个版本包括一生中和最近的自杀行为，另一个版本则包括自上次会谈以来的自杀行为。

自杀状态问卷

作为自杀的合作评估和管理（CAMS）的核心部分，自杀状态问卷（Suicide Status Form, SSF）提供了一幅涵盖自杀风险评估关键组成部分的全貌地图。SSF的第一部分由有自杀倾向的人和治疗师一起完成，他们通常并肩坐在一起，以加强CAMS的合作性质（技巧14）。SSF要求有自杀倾向的人详细说明他们的心理痛苦、压力、烦躁、无望、自我厌恶、生存意愿、死亡意愿、生存理由、死亡理由以及整体的自杀风险。

SSF的其余部分由临床工作者完成。这些部分涉及的关键领域是自杀风险的不同组成部分，如自杀计划、自杀史和各种警告信号，门诊治疗计划，精神状态检查，诊断，来访者的自杀风险水平以及个案记录。

SSF也包含在《自杀风险的评估与管理：一种合作式的方法》一书中（Jobes, 2016）。

自杀意念量表

自杀意念量表（Scale for Suicidal Ideation）包含与自杀愿望和意图的强度直接相关的多项选择项目。大约一半的量表条目涉及个人自杀意图的主观方面，例如希望生存的程度、希望死亡的程度和进行自杀尝试的愿望。另一半是评估意图的详细或客观指标，例如此人是否已经为尝试自杀做了准备，写了遗书，或为其他人做了安排（如，拟定遗嘱）。

该量表可向培生（Pearson）公司购买。只有健康和心理健康专业人士可以购买该量表。

贝克绝望量表

贝克绝望量表（Beck Hopelessness Scale）并不直接涉及自杀意念，但如前所述，在各种研究中，其分数与自杀风险相关（McMillan et al., 2007）。该量表包含20个"是-否"条目，涉及对未来的积极和消极信念（如，"我从未得到想要的东西，所以想要任何东西都是愚蠢的"）。心理健康和其他健康专业人员可以从培生公司购买该量表。

参 考 文 献

Beck, A. T., Brown, G., Berchick, R. J., Stewart, B. L., & Steer, R. A. (1990). Relationship between hopelessness and ultimate suicide: A replication with psychiatric outpatients. *American Journal of Psychiatry, 147*(2), 190–195.

Brown, G. K. (2002). A review of suicide assessment measures for intervention research with adults and older adults. Retrieved on January 30, 2017, from the Suicide Prevention Resource Center website.

Jobes, D. A. (2016). *Managing suicidal risk: A collaborative approach* (2nd ed.).

New York, NY: Guilford Press.

Kaplan, M., Asnis, G. M., Sanderson, W. C., Keswani, L., De Lecuona, J. M., & Joseph, S. (1994). Suicide assessment: Clinical interview vs. self-report. *Journal of Clinical Psychology, 50*(2), 294–298.

McMillan, D., Gilbody, S., Beresford, E., & Neilly, L. I. Z. (2007). Can we predict suicide and non-fatal self-harm with the Beck Hopelessness Scale? A meta-analysis. *Psychological Medicine, 37*(6), 769–778.

Quinlivan, L., Cooper, J., Davies, L., Hawton, K., Gunnell, D., & Kapur, N. (2016). Which are the most useful scales for predicting repeat self-harm? A systematic review evaluating risk scales using measures of diagnostic accuracy. *BMJ Open, 6*(2), e009297.

Simon, R. I. (2011). *Preventing patient suicide: Clinical assessment and management.* Arlington, VA: American Psychiatric Publishing.

Yigletu, H., Tucker, S., Harris, M., & Hatlevig, J. (2004). Assessing suicide ideation: Comparing self-report versus clinician report. *Journal of the American Psychiatric Nurses Association, 10*, 9–15.

技巧22: 比风险因素更重要的警告信号

"在管理有自杀风险的来访者时,临床工作者担心的是在接下来的几分钟、几小时或几天内做出的决定,而不是几年。"

(Rudd, 2008, p.87)

研究人员已经确定了数以百计,甚至可能千计的自杀风险因素。从统计学的角度看,这些特征增加了一个人死于自杀的概率。一般来说,社会心理风险因素中最常被提到的是既往自杀未遂、精神疾病、物质滥用、既往精神病住院史、创伤、哀伤和丧失、社交隔离、健康问题和自杀家族史。与自杀风险增加有关的常见人口统计学特征包括男性、美国印第安人/阿拉斯加原住民或白人种族(在美国)、较高年龄(在美国的白人男性)无家可归、贫穷、失业和持有枪支。一些众所周知的自杀未遂的风险因素是男同性恋、女同性恋、双性恋或者跨性别身份。

预防自杀的文献通常强调评估自杀风险因素的重要性。探索风险因素当然重要,特别是因为它们能提醒你有必要进一步探究自杀想法。但是,即使有最严重的自杀风险因素(如,多次自杀未遂;最近因精神病住院),大多数人也不会死于自杀。

对于当前自杀风险的评估而言,更为重要的是警告信号。自杀警告信号和风险因素之间的主要区别之一是时间(Rudd, 2014)。风险因素通常是静态的、长期存在的,并且从长远来看与自杀风险有关。相比之下,警告信号通常是动态的、暂时的,表明现在或近期自杀风险急剧上升。

自杀的警告信号

最近的研究发现了许多自杀的警告信号(Rudd, 2014):

- 频繁、强烈的自杀想法
- 谈论或写到自杀
- 为自杀做准备
- 自杀尝试或预演
- 绝望
- 烦躁
- 焦虑
- 愤怒加剧
- 不计后果或冲动
- 戏剧性的情绪变化
- 感觉被困住了
- 感觉没有活着的目的或理由
- 增加酒精或其他药物的使用
- 睡眠障碍
- 远离他人

根据自杀的人际心理学理论（Joiner, 2005），其他警告信号可能包括：
- 感觉自己是别人的负担
- 与他人失去联系的感觉
- 高风险活动和暴露于暴力的增加

孤立来看，自杀的警告信号没有特别的意义。即使是考虑自杀这件事本身，也不是一个好的警告信号。因为数百万认真考虑自杀的人并没有死于自杀。但出现的警告信号越多，你就越应该给予关注。另一方面，某人可能有大量警告信号，但缺乏最重要的：自杀意图。警告信号本质上是提醒你仔细评估一个人是否处于即将结束生命的边缘。

风险因素与警告标志

作为一名年轻的异性恋白人女性，29岁的罗谢尔（Rochelle）没有明显的自杀风险因素。她从未被诊断过精神障碍，没有过自杀尝试，甚至没有考虑过自杀。她只是偶尔饮酒，从不吸毒。她有工作，健康状况良好，没有创伤史。据她所知，她的家庭成员中没有人自杀。

当被问及时，罗谢尔声称自己没有任何自杀想法。幸运的是，社区心理健康中心的接诊治疗师对警告信号保持警惕，偶尔会问一些具体的问题来找出这些信号。他也与罗谢尔的男朋友交谈——他带罗谢尔来参与会谈。

事实证明，在过去的4天里，罗谢尔几乎没有睡觉，每次只睡几分钟。男朋友报告说，她在房子里踱步，反复上下楼，试图让自己疲惫不堪以便入睡。她很容易哭泣，这与她平时乐观、积极的举止大相径庭。

根据这些新信息，治疗师再次询问了自杀想法。这一次，罗谢尔描述了不断出现想服用一瓶安眠药的想法，以及她手中剩下的治疗偏头痛的麻醉性止痛药。"如果我走了，每个人都会过得更好，"她泪流满面地说道，"我一文不值，卑鄙，我坏掉了。"当被问及生存理由时，她无法找出任何理由。

如果接诊治疗师仅根据罗谢尔最初对自杀想法的否认和没有风险因素来判断她的自杀风险，他就会错过罗谢尔所处的危险。罗谢尔几乎没有自杀风险因素，但是有很多警告信号。反过来也是如此。某人可能有大量的风险因素，但现在或过去都没有自杀想法或其他自杀警告信号。立即或在近期尝试自杀的可能性远比许多年后自杀风险的升高更令人担忧。

参 考 文 献

Joiner, T. (2005). *Why people die by suicide*. Cambridge, MA: Harvard University Press.

Rudd, M. D. (2008). Suicide warning signs in clinical practice. *Current Psychiatry Reports, 10*(1), 87—90.

Rudd, M. D. (2014). Core competencies, warning signs, and a framework for suicide risk assessment in clinical practice. In M. K. Nock (Ed.), *The Oxford handbook of suicide and self-injury* (pp. 323–326). Oxford: Oxford University Press.

技巧23: 筛查获得枪支的途径

"证据很明确：对枪支所有和获得的评估是标准化自杀风险评估和管理的一个重要组成部分。"

（Stanley et al., 2017）

与没有枪支的人相比，拥有枪支的人自杀的风险要高得多（Dahlberg et al., 2004），而拥有枪支在美国很普遍（Smith & Son, 2015）。因此，自杀风险评估应始终包含以下关键问题："你拥有多少枪支？"即使此人没有任何枪支，也要问更多问题："你是否有计划购买手枪、步枪或其他枪支？""虽然你现在没有枪，但你有可能获得枪吗？"如果来访者是儿童或青少年，请询问他们的父母或监护人这些问题。

永远不要假设对方没有枪，或假设他们在没有被问到的情况下会主动提供信息。这一点好像显而易见，但研究人员在一项研究中发现，心理健康专业人员仅询问了6%的精神障碍来访者是否拥有枪支（Carney et al., 2002）。但这个问题太重要了，不能置之不理。对于拥有枪支或可以通过其他方式获得枪支的人，技巧40讨论了不同的方法，以减少使用武器的人自杀死亡的危险。

"感觉问这个问题很冒犯"

刚刚满9岁的阿莉（Allie）来到母亲面前，宣布了一个令人不安的消息。"我想自己死掉。"她的哥哥在6个月前死于一场车祸。阿莉说她想和哥哥在一起。第二天，她的父母带她去看精神科医生。医生问阿莉，她将如何结束自己的生命。她说她要么屏住呼吸直到死亡，要么朝自己的头开枪。她的父母对视了一眼，明显放松了下来。她不可能因为憋气而死，他们也没有枪，她是安全的。但随后精神科医生问道，他们的女儿会拜访的朋友或者亲戚家中是否有枪支，阿莉的父母表示不知道。

"我建议你对此进行调查",精神科医生说。

"感觉问这个问题很冒犯",父亲抗议道。

"我能理解,"精神科医生说,"但这对你女儿的安全来说非常重要。"

第二周,阿莉的父母告诉精神科医生,令他们非常吃惊的是,阿莉最好的朋友的父亲有好几支枪。这位朋友的父亲解释说,他在家里将弹药分开存放,并将武器藏在高架子上的壁橱里。他们向他倾诉了对阿莉安全的担心,并询问是否可以把这些枪支放到绝对不会被好奇的孩子碰到的地方。他欣然同意,并做了他一直想做的事:买了一个枪支保险箱,并把钥匙藏了起来。

参 考 文 献

Carney, C. P., Allen, J., & Doebbeling, B. N. (2002). Receipt of clinical preventive medical services among psychiatric patients. *Psychiatric Services, 53*(8), 1028–1030.

Dahlberg, L. L., Ikeda, R., & Kresnow, M. (2004). Guns in the home and risk of a violent death in the home: Findings from a national survey. *American Journal of Epidemiology, 160*(10), 929–936.

Smith, T. W., & Son, J. (2015). *General Social Survey final report: Trends in gun ownership in the United States, 1972—2014*. Chicago, IL: National Opinion Research Center at the University of Chicago.

Stanley, I. H., Hom, M. A., Rogers, M. L., Anestis, M. D., & Joiner, T. E. (2017). Discussing firearm ownership and access as part of suicide risk assessment and prevention: "Means safety" versus "means restriction." *Archives of Suicide Research, 21*(2), 237–253.

技巧24: 询问互联网使用情况

>"'你最近有没有在网上搜索过自杀?'已经成为全面自杀评估中的一个必要问题。"
>
>(Aboujaoude, 2016, p.226)

互联网在人们的生活中发挥着巨大的作用。不计其数的人上网玩游戏、与朋友联系、浏览新闻以及学习如何自杀。支持自杀的网站提供关于"最佳"自杀方法的信息,给出避免救援的策略,并认为自杀是合理的、不应该被阻止,其影响可能是毁灭性的。除了提供危险的方法和信息,支持自杀的网站使自杀正常化,甚至在某些情况下美化了自杀(Westerlund, 2013)。

在这些可怕的事态发展中有一些好消息。在互联网上最受欢迎的100个与自杀有关的网站中,大多数是建设性的(Westerlund et al., 2012)。这些建设性的网站反对自杀,或中立地报告有关研究、政策和预防工作的信息。因此,重要的是,不仅要询问有自杀倾向的人是否在网上寻求过关于自杀的信息,还要问他们寻求的是什么类型的信息。

"我查了一下如何系套索"

在以赛亚(Isiah)讲述他怎么想到自杀的故事时,米丽娅姆(Miriam)专心地听着。54岁的以赛亚透露,他每天大约想自杀6次,每次几分钟。他脑子里并没有具体的实施方式,也没有打算付诸行动。或者说,他是这么说的。作为一个有多年经验的临床社工,米丽娅姆感到一种恐惧,认为缺少了什么。

凭着直觉,她问他:"你是否曾经使用互联网来更多地了解自杀?"

"有过一点,"以赛亚说。

"我知道,很多有自杀想法的人都会上网了解自杀的情况。有些人在寻找能帮助他们活下去的信息,有些人想了解关于如何死亡的信息。有些人两种信息都想要。那么,你通常搜索哪些内容呢?"

以赛亚低着头,陷入了沉默。米丽娅姆想知道她是否激怒了他。沉默了1分钟左右,他仍然低着头,说:"我查了一下如何系套索。"

"让我知道这一点真是太好了,"米丽娅姆说,"这让我更好地理解,你一定感到很绝望。"

随着进一步的讨论,米丽娅姆了解到,以赛亚在2天前的晚上刚刚查过如何系套索。他翻遍了地下室,寻找一条绳子。并且他找到了一条,把它放在一边。不用说,这些新的信息使米丽娅姆认识到,以赛亚的自杀风险比她最初想象的要高得多。她很庆幸这一发现。

参 考 文 献

Aboujaoude, E. (2016). Rising suicide rates: An under-recognized role for the Internet? *World Psychiatry, 15*(3), 225–227.

Westerlund, M. (2013). Talking suicide: Online conversations about a taboo subject. *Nordicom Review, 34*(2), 35–46.

Westerlund, M., Hadlaczky, G., & Wasserman, D. (2012). The representation of suicide on the Internet: Implications for clinicians. *Journal of Medical Internet Research, 14*(5), e122.

技巧25： 调查杀人意念

"许多谋杀式自杀（murder-suicides）会让家庭成员死亡或受伤，有时甚至是大规模杀人，它们导致了无数额外的死亡、家庭创伤和社区破坏。"

（Marzuk et al., 1992, p.3179）

有些人觉得询问一个人自杀的想法很有挑战性（技巧7），但询问杀死另一个人的念头可能更加困难。同样的恐惧会被激起：我是否会激怒这个人？他们会感到被侮辱吗？同样的事实是：尽管你感到不舒服，这个问题往往还是需要问。

谋杀式自杀是一种少见但具有破坏性的现象。在美国，1000万人中只有13~55人实施谋杀式自杀（Knoll & Hatters-Friedman, 2015）。相比之下，美国的自杀率是100~400倍。即便如此，美国每周都会发生大约10起谋杀式自杀事件，估计每年有1200名受害者（Violence Policy Center, 2015）。

一个好的杀人风险评估包括与自杀风险评估相同的信息，但针对的是伤害或杀害他人的想法。如同自杀意念一样，最好采取叙事的方式，让此人讲述他们是如何想到杀害他人的（技巧10）。然后追问有关杀人想法的频率、强度和持续时间；计划和准备；执行谋杀式自杀计划的意图程度；预计的时间——如果这个人确实会根据想法实施行动；对杀人冲动的控制感；包括家庭暴力在内的任何既往暴力行为。同样重要的是，要评估可能使该人容易失去控制的因素，如冲动、物质使用和命令幻觉。

询问关于杀人意念的问题可能会让人不舒服，但它们非常重要。无论你在直接询问有关杀人意念的过程中有多不舒服，比起拯救生命的可能，这些代价都是微不足道的。

> ### "这太可怕了，我连想都不敢想"
>
> 3个月前，在生下女儿后不久，27岁的扎赫拉（Zahra）首次被抑郁症笼罩。在与心理学家的第一次会面中，她透露自己正在认真思考自杀的事。治疗师需要询问她另一种令人担忧的可能性：她是否在考虑伤害或杀害其他人，比如她的孩子？
>
> 他借用了谢伊（Shea, 2011）关于有效技术的内容来问这个敏感的问题（技巧9）。"有些想到自杀的人告诉我，他们也有结束别人生命的想法，"这位心理学家说。然后，他运用温和假设的技巧问道："如果有，你有过什么样的想法吗？"
>
> 扎赫拉用手捂住脸。"我很羞愧，"她说。她抽泣了几分钟，然后说："我有时会想带上我的女儿。"
>
> "我能看出这些想法让你多么痛苦，"心理学家说，"这一定非常可怕。你能告诉我更多吗？"
>
> 扎赫拉解释说，每天至少有1次，在自杀之前杀死女儿的想法会"突然"进入她的脑海。"我想，我的生活太悲惨了，我不想让她也这么悲惨。如果我自杀了，把她带走何尝不是一种仁慈？这就是我的想法。但我并不真的相信它。这太可怕了，我连想都不敢想。"
>
> 心理学家评估了其他风险因素。根据扎赫拉的报告，她没有考虑过如何、何时或在哪里杀死她的女儿，也没有为此做任何准备，她没有枪支，并希望得到帮助，以免她真的自杀或杀人。她将这些想法描述为"转瞬即逝"且"不请自来"。尽管心理学家最终判断扎赫拉伤害或杀死女儿的风险低，但他的提问揭示了一个关于教育、干预和安全计划的关键领域。扎赫拉告诉他，她对分享她的"可耻秘密"感到欣慰。"我本来不想说什么的，"她说，"但后来你问了。"

参 考 文 献

Knoll, J. L., & Hatters-Friedman, S. (2015). The homicide-suicide phenomenon: Findings of psychological autopsies. *Journal of Forensic Sciences, 60*(5), 1253–1257.

Marzuk, P. M., Tardiff, K., & Hirsch, C. S. (1992). The epidemiology of murder-suicide. *JAMA, 267*(23), 3179–3183.

Shea, S. C. (2011). *The practical art of suicide assessment: A guide for mental health professionals and substance abuse counselors.* Stoddard, NH: Mental Health Presses.

Violence Policy Center. (2015). *American roulette: Murder-suicide in the United States.* Washington, DC: Author.

技巧26: 从家人、专业人士和其他人那里收集信息

"无论怎么强调协作来源——如家庭成员、治疗师和警察——在收集风险评估拼图各个部分的过程中可能发挥的决定性作用,都不算过。"

(Shea, 2009, p.5)

朋友、家人与来访者生活中的其他人会看到和听到你无法掌握的东西。关于自杀的不经意的言论、藏匿的药片、每天早晨的哭泣——这些只是重要他人可能看到的一部分。事实上,许多自杀身亡的人曾向亲密的家人或朋友透露了他们的自杀想法,但没有向治疗师或精神科医生透露(Robins, 1981)。当没有证据证明联系朋友或家人会在某种程度上伤害来访者,那么在确定自杀者的风险等级时,如果可能,你应该从朋友或家人那里收集信息。

以下问题对于从重要他人那里获得信息很有用:

- 你对他有什么担心吗?为什么或为什么不?
- 他最近是否谈到过死亡或自杀?……他说了什么?
- 他尝试过多少次自杀?……什么时候?……发生了什么?
- 他是否有其他自伤行为?……什么时候?……发生了什么?
- 他最近是否做了一些不同寻常的事情,比如赠予物品、睡得不多、与他人隔离或者比平时使用更多的药物或酒精?
- 他是否拥有或可以获得枪支?
- 他还可以获得哪些其他致命工具,如处方止痛药?
- 还有其他任何你认为我应该知道的事情吗?

除了危及生命的紧急情况,你需要得到成年人的书面许可才能与他人联系。你可以在未经成年来访者同意的情况下,从相关的第三方机构接收信息。在美国,《健康保险可携性与责任法案》(*Health Insurance Portability and*

Authorization Act, HIPAA）规定了在未经来访者同意的情况下共享和接收信息的政策。根据管理HIPAA的美国政府机构的说法，HIPAA隐私规则"绝不妨碍医疗保健提供者听取可能担心来访者健康和福祉的家庭成员或其他护理人员的意见，因此医疗保健提供者可以将这些信息纳入来访者的护理"（U.S. Dept. Of Human Services, 2014）。

一些专家认为，即使自杀者不同意，且不存在威胁生命的紧急情况，也可以联系家人、朋友或其他知情人，以证明违反保密规定的合理性。例如，佩特里克及其同事（Petrik et al., 2015）建议对在未经来访者同意的情况下获取附带信息进行风险-效益分析。风险包括破坏治疗关系以及违反道德和法律准则。此外，还包括无法获得附带信息和支持。无论你决定采取什么方式，一定要记录自杀者的选择和你的决策过程（技巧34）。

如果一个成年来访者对此犹豫不决，或完全反对你与他人接触，那么要设法理解他们的理由。让对方考虑允许你与一个或多个他人交谈的利弊。这可以帮助揭示认知歪曲以及可能阻碍自杀者让他人参与的现实担心。

儿童和青少年的保密原则是不同的。在美国，在青少年达到一定年龄之前（因州而异），父母或监护人依法有权知道——而且几乎总是需要知道——他们的孩子是否在考虑自杀。

除了朋友和家人，为来访者治疗过抑郁、物质滥用或其他心理健康问题的医疗和心理健康专业人员也可以帮助你充实对来访者自杀风险的认识。教师或学校青少年咨询师、缓刑监督官等也可以。如果可能，请与他们交谈。向医疗和心理健康专业人员询问先前的自杀事件、心理健康问题、诊断、治疗及其结果以及处方药使用情况尤为重要。此外，如果有，还要查看其他专业人士的治疗记录。

"我们可以协作帮助你保持安全"

萨曼莎（Samantha）很担心。作为一名有执照的专业咨询师，她听着19岁的萨尔瓦托（Salvatore）描述他每天都想自杀。在她请求他允许她与一名家庭成员交谈时，他透露，对被家人拒绝的恐惧助长了他的自杀想法。他来自一个虔诚的教徒家庭，从小就认为爱上同性是一种罪恶。"你知道，"他低着头对她说，"我是同性恋。"

在稍后的会谈中，萨曼莎在听了他的故事，探讨了他的感受并评估自杀风险后，告诉他，"每当我和有自杀想法的人一起工作时，我都觉得和他们的家人谈谈是个好主意。这有助于我更多地了解他们，在自杀想法变得危险时，我们可以协作帮助他们保持安全。但你的情况是不同的，你的父母是让你感到害怕和困惑以至于产生自杀想法的原因之一。因此，虽然我仍想与他们交谈，但我只会向他们提供有关你安全的重要信息。你的性取向不在其中。你会反对我和他们谈话吗？"

"我不知道，"萨尔瓦托说，"你会告诉他们什么样的事情？"

"嗯，我想和他们讨论你有自杀的想法，听听他们观察到了什么，尤其是你还住在家里时。我还想和他们讨论如何帮助你保持安全，并请他们在看到任何让他们担心的事情时给我打电话。"

"如果他们问你为什么我想自杀呢？"他问。

"如果他们问，我会告诉他们，我不能透露你想自杀的原因。这是你的私人信息。"

"我想这是可以的，那么，"萨尔瓦托说，"以后如果我不想让他们插手我的事，我可以改变主意吗？"

"当然可以。我是否与他们交谈，由你决定。我的意思是，如果有真正的医疗紧急情况——比如，你来告诉我你要自杀，然后在我能说或做点什么之前你就离开了——那么我可以不经你允许就给他们打电话。即便如此，我也不会把你的一切都告诉他们，我只告诉他们需要披露的、能帮助你获得安全的内容。"

"好吧，那么，这很好，"萨尔瓦托说，"我知道，你只是想帮忙。"

参 考 文 献

Petrik, M. L., Billera, M., Kaplan, Y., Matarazzo, B., & Wortzel, H. (2015). Balancing patient care and confidentiality: Considerations in obtaining collateral information. *Journal of Psychiatric Practice, 21*(3), 220–224.

Robins, E. (1981). *The final months: Study of the lives of 134 persons who committed suicide*. New York, NY: Oxford University Press.

Shea, S. C. (2009). Suicide assessment: Part 1. Uncovering suicidal intent: A sophisticated art. *Psychiatric Times, 26*(12), 17.

U.S. Department of Health & Human Services. (2014). HIPAA privacy rule and sharing information related to mental health.

第五章

评估保护性和文化因素

技巧27: 审视生存理由

"有一个很少被提出但很重要的问题，不是抑郁的来访者为什么想自杀，而是他们为什么想活下去。"

(Malone et al., 2000, p.1084)

尽管一个人想死的冲动可能很强烈，但生存理由往往提供了更强大的防御。强烈的、发自内心的对自杀的遏制可以缓冲风险，引发对死亡的矛盾心理，并提供重建希望的途径。要想知道这些遏制是什么，可以问一个显而易见但经常被忽视的问题："你活着的原因是什么？"

引导来访者尽可能地具体化。有自杀倾向的人倾向于过度概括，用一个词来掩盖大量的生存理由，如"家庭"。布赖恩（Bryan, 2007）举了一个退伍军人的例子，他把"宗教信仰和家庭"作为自己的生存理由。两个原因实在太少了。生存理由的明显缺乏让这位退伍军人感到"不足和无能"（Bryan, 2007, p.18）。于是布赖恩让他列出每一个激励他活下去的家庭成员，在5分钟之内，这个人的清单上就有了三十个生存理由。

有些人很难提供生存理由。无望感和管道视野几乎总是伴随着自杀的想法（技巧66）。就像隐藏在厚厚的灰色云层后面的太阳一样，一个人的生存理由可能会被黑暗所掩盖。在这种情况下，可以请来访者回忆，在想自杀的感受发作之前，他们的生存理由是什么。

- "过去你生存的理由是什么？"
- "在你感觉如此糟糕之前，是什么让你的生存有了价值？"
- "在你感觉更好的时候，你生存的理由是什么？

一个有用的工具是"生存理由量表（Reasons for Living Inventory）"。个体对各种生存理由的强度进行评分，这些理由被分为六类：生存和应对信念；对家庭的责任；与孩子有关的担忧；对自杀或死亡的恐惧；对社会不认可的恐惧；以及对自杀的道德反对（Linehan et al., 1983）。生存理由量表有48条目和72条目两种版本。

一般来说，在了解了来访者想死的原因之前，不应该讨论生存理由（技巧16）。否则，对方可能会觉得自己的意见被忽视并被视为无效。首先讨论死亡理由的另一个好处是，来访者可能会被触动，自发地用生存理由来反驳这些观点。

要注意不要把你认为是活下去的重要理由强加给来访者。例如，有些人会恳求来访者考虑，自杀会如何伤害朋友和家人（如Omer & Elitzur, 2001）。这种恳求会激起内疚、羞耻和无能的感觉，反过来会加剧自杀的愿望。或者，这个人可能认为自杀死亡实际上会帮助亲人，减轻他们的负担。在任何情况下，试图用生存理由说服对方会使你们处于辩论的对立面，这可能会疏远来访者（技巧15）。

如果没有生存理由怎么办？

当被问及生存理由时，一些想自杀的人想不出任何理由。这表明他们感到极度绝望，潜在的自杀风险很高。在这种情况下，重要的是积极倾听和共情，而不是劝说或建议。要共情心中缺乏生存理由的感觉是多么可怕。在真诚倾听并与来访者一起感受他们的无望后，温柔地提出可以一起努力发现或建立生存理由的希望。

  一些学员和专业人士告诉我，他们害怕询问那些说没有生存理由的人。"我不想让他们感觉不好"是一种常见的担心。现实情况是，他们已经感觉很糟糕。他们已经意识到他们想不出任何生存理由。让你知道这种绝望的感觉远比保守秘密好得多，否则你会失去关于来访者的安全和情感痛苦的重要信息。与自杀风险评估中的其他话题一样，即使你害怕答案，也要去问这个问题。

"狗！"

  塔妮莎（Tanisha）喜欢狗。她有三只狗，都是从附近的收容所救出来的混种狗。在抑郁使她不能动弹之前，她每周六都在收容所做志愿者，遛狗并与潜在的收养者面谈，以帮助小狗们找到一个好的家。因此，当她的临床社工问及是什么让她在有自杀想法的情况下仍然坚持下去时，塔妮莎没有犹豫地说："狗！"

  "你真的很喜欢狗，不是吗？"社会工作者说，"还有什么能让你坚持下去？"

  "好吧，如果我死了，我妈妈会死的。"33岁的塔妮莎说。"还有我的妹妹。但我必须说实话。我更担心我的狗。我很害怕如果我死了，它们会发生什么。我绝不希望它们得去收容所。"

  "你认为你的自杀想法会变得非常强烈，以至于超过了你对你的狗的担心？"社工问。

  塔妮莎的回答几乎是一句耳语。"是的，"她说。

  "要发生什么才能压倒你对狗的爱？"

  "我不会变好，"塔妮莎说，"如果我没有好转，我就会失去我的工作。我的房子。我的狗。那还有什么可活的呢？"

  "知道这些对我们来说很重要，"社工说，"你的狗是你活着的一个重要理由，如果你失去了它们，在你的脑海中，这可能会成为一个死亡的理由。"

"这就是我在这里的原因,"塔妮莎说,"为了防止这种情况的发生。"

参 考 文 献

Bryan, C. J. (2007). Empirically-based outpatient treatment for a patient at risk for suicide: The case of "John." *Pragmatic Case Studies in Psychotherapy, 3* (Module 2), 1–40.

Linehan, M. M., Goodstein, J. L., Nielsen, S. L., & Chiles, J. A. (1983). Reasons for staying alive when you are thinking of killing yourself: The Reasons for Living Inventory. *Journal of Consulting and Clinical Psychology, 51*(2), 276–286.

Malone, K. M., Oquendo, M. A., Haas, G. L., Ellis, S. P., Li, S., & Mann, J. J. (2000). Protective factors against suicidal acts in major depression: Reasons for living. *American Journal of Psychiatry, 157*(7), 1084—1088.

Omer, H., & Elitzur, A. C. (2001). What would you say to the person on the roof? A suicide prevention text. *Suicide and Life-Threatening Behavior, 31*(2), 129–139.

技巧28： 识别其他保护因素

"大多数既定的评估工具（如自我报告量表、结构化临床访谈）只关注风险因素，我认为这让临床工作者只能看到一半的情况。"

（Gutierrez, 2006, p.130）

正如风险因素增加了一个人的自杀风险，保护因素会降低风险。从根本上说，没有风险因素本身就是一种保护。然而，保护性因素也应该被评估。这使评估脱离了完全以缺陷和病理学为导向的对话，这种转变可以使自杀者重新认识到他们忽视的个人力量和资源。

前面的技巧提到需要确定来访者的生存理由。这些理由——如果存在——就是明显的保护性因素。根据大量的研究报告（如Doyle, 2015），需要寻找的其他关键保护因素包括：

- 充满希望和乐观
- 社会支持和联结
- 问题解决技能
- 应对技能
- 现实检验技能
- 积极的自尊
- 感觉有能力和有效率
- 婚姻
- 对自杀的文化制裁
- 信仰和承诺
- 害怕自杀或死亡

虽然保护性因素很重要，但在面对严重的自杀风险时，它们也会失去力量（Berman & Silverman, 2014）。如果一个人表现出处于高的自杀风险水平，不要夸大保护性因素胜出的能力。另一方面，在自杀风险不高的情况下，保护性因素的存在可以帮助来访者遵循安全计划，凝聚社会支持和其他资源，并抵制按自杀想法行动。

关系的力量

起初，随着与所罗门（Solomon）的初次面谈的展开，心理学家对他的自杀风险水平感到担忧。33岁的所罗门有几个令人担忧的特征。他的父亲在他还是个孩子的时候就死于自杀。5年前，他的一个密友自杀了。他上个月被诊断为抑郁症，现在他每天都有自杀的想法，每次持续几分钟。

然后，心理学家开始注意潜在的保护因素。他了解到，所罗门与伴侣关系亲密，认为他们的婚姻很牢固，并且很疼爱两个年幼的儿子。所罗门还与他的母亲和姐妹们关系亲近。他每天都给她们发短信。每个月有几次，他们会进行家庭聚餐。所罗门也很喜欢他的小学教师的工作，和伴侣都参与了社区活动。

所罗门强调说，他并不打算对自杀想法采取行动。他觉得自己的抑郁症有希望通过治疗和时间得到缓解，而且他努力遵循他的安全计划。他解释说，他觉得两个儿子让他有一种抵制自杀的责任感。他说："我绝不希望他们经历我父亲自杀时我的情况。"他的信仰也有所帮助。所罗门认为，生命是神圣的，不可自我了断。

基于这些保护性因素，再加上所罗门没有自杀计划或意图，心理学家判断所罗门的自杀风险没有达到高水平。随着治疗的进展，心理学家将继续评估他的自杀风险，以防止自杀想法的强度超过关系和信仰对自杀冲动的缓冲程度。

参 考 文 献

Berman, A. L., & Silverman, M. M. (2014). Suicide risk assessment and risk formulation part II: Suicide risk formulation and the determination of levels of risk. *Suicide and Life-Threatening Behavior, 44*(4), 432-443.

Doyle, L. (2015). Risk and protective factors for self-harm and suicide. In L. Doyle, B. Keogh, & J. Morrissey (Eds.), *Working with self harm and suicidal behaviour*(pp. 29-42). London: Palgrave.

Gutierrez, P. M. (2006). Integratively assessing risk and protective factors for adolescent suicide. *Suicide and Life-Threatening Behavior, 36*(2), 129-135.

技巧29: 关注文化

"如果不特别注意自杀风险表达的文化差异,自杀风险就可能被低估和不当管理。"

(Chu et al., 2013, p.424)

当一个人忽视文化对人类行为的影响时,就会出现"文化盲点"(Berry, 2013)。在预防自杀的背景下,这是一个重大的遗漏。大量证据表明,自杀行为因种族、宗教、性别、性取向、性别认同以及个体文化和背景的其他方面而不同。

- 美国的黑人女性很少死于自杀,她们的自杀率比白人女性低70%(Centers for Disease Control & Prevention, 2016)。
- 与无信仰的人相比,有信仰的人尝试自杀的情况较少(Lawrence et al., 2015)。
- 除了极少数例外,世界各地的男性自杀率大大超过女性(Värnik, 2012)。
- 女同性恋、男同性恋、双性恋和跨性别者的自杀尝试率远远高于一般人群(Haas et al., 2010)。
- 在不同地区和国家的原住民群体中,自杀率都高于平均水平,有时甚至高出很多,包括美国印第安人、阿拉斯加原住民和夏威夷原住民(Wendler et al., 2012)。

自杀的文化理论

由心理学家丘和同事(Chu et al., 2010)提出的自杀的文化理论,明确了影响自杀风险的四种文化概念,它们都会影响自杀风险,无论这种影响是积极的还是消极的：文化制裁（cultural sanctions）、关于痛苦的习语、少数压力和社会不和。文化制裁取决于一个人的家庭、宗教或文化团体对自杀的谴责或不谴责程度。在一些文化中，自杀被视为可以接受的、对痛苦事件的反应，有时甚至是正常的，比如让家族蒙羞时。在另一些文化中，自杀则被认为是可耻的，会给家人带来羞辱。宗教尤其会影响人们对自杀的看法（技巧30）。在探讨自杀的可接受性时，以下是一些有用的问题。

- "你认识的人是如何看待自杀的，他们是否认为自杀可以接受？"
- "你认为自杀有多大的可接受性？"
- "想想你所属的文化群体，他们倾向于如何看待自杀？"

痛苦的习语主要涉及不同文化群体中自杀的不同表现方式。包括自杀风险的症状，自杀意念和行为的披露率以及自杀方式的选择等差异。例如，美国的一项小型研究发现，非裔美国大学生和亚裔美国大学生比白人学生更不可能在大学咨询中心的摄入性问卷中披露他们的自杀想法（Morrison & Downey, 2000）。作者指出，如果咨询师没有直接询问自杀想法，那么在36名有自杀想法的少数族裔学生中，只有1人能被识别。

少数压力之所以突出，是因为源于文化认同的歧视、边缘化和虐待与自杀风险的增加有关（Chu et al., 2010）。社会不和也与少数压力有关，尤其是因个人边缘化地位而导致的孤立和家庭冲突。例如，女同性恋、男同性恋、双性恋或跨性别年轻人可能会遭到父母的排斥甚至虐待。出于这些原因，探索与自杀者文化群体相关的歧视和孤立经历，以及认为这些经历是考虑自杀的部分原因对他们来说有什么感觉，会有所帮助。

文化概念化访谈

另一种将文化纳入自杀风险评估的方法是使用文化概念化访谈（American Psychiatric Association, 2013）。该访谈涉及与个人文化身份和心理健康问题（在此特指自杀想法和行为）有关的几个主要领域。
- 自杀想法和行为的文化定义；
- 对自杀想法和行为原因的文化认知；
- 文化身份对增加或减少自杀风险的作用；
- 影响自杀想法或行为的应对和帮助寻求的文化因素；
- 影响治疗关系的文化因素，如专业助人者和自杀者的不同文化背景，感知到的专业人员的种族主义，语言障碍等。

文化概念化访谈的核心部分是了解来访者如何看待其文化背景或身份与症状之间的关系。文化概念化的访谈说明，"文化背景或身份"可以指"你所属的社区、你所说的语言、你或你的家人来自哪里、你的种族或民族背景、你的性别或性取向、你的信仰或宗教"（American Psychiatric Association, 2013, p.753）。个体认同的其他群体也会影响对自杀和帮助寻求的看法，包括退伍军人、特定年龄段（如老年人）、移民等。

访谈要求受访者反思其文化背景或身份的最重要的方面。从那里开始，捕捉一个人自杀经历的文化方面的首要问题可能是："你的文化背景或身份中，是否有让你更可能考虑自杀或死于自杀的内容？"文化背景的保护性也应该被探讨："你的文化背景或身份中，哪些内容让你不太可能产生自杀想法或采取行动？"

文化概念化访谈可在《精神障碍诊断与统计手册》*（*The Diagnostic and Statistical Manual of Mental Disorders*, DSM）中找到（American Psychiatric Association, 2013）。

---

* 本书的简体中文版由北京大学出版社于2016年出版。——译者注

"我让我的族人失望了"

作为一位海地母亲和一位尼日利亚父亲的女儿,埃斯佩兰萨(Esperanza)被认定为黑人。她出生时原名伊曼纽尔(Emmanuel),被当作男孩抚养到7岁,她也认为自己是跨性别女性。精神科医生想知道埃斯佩兰萨的文化身份如何影响她的自杀风险——无论是好是坏。

"埃斯佩兰萨,"精神科医生说,"你说过你认为自己是一名黑人跨性别女性。你的文化中还有其他对你很重要的部分吗?"

27岁的埃斯佩兰萨笑了,"没有,医生。简单来说,那就是我。"

精神科医生继续说道:"我想知道,你认为文化背景的哪些部分会影响你的自杀想法?如果有?"

"没有,真的,"埃斯佩兰萨说,"我的意思是,你经常听到跨性别人受到欺凌和骚扰的报道。幸运的是,这并没有发生在我身上,我想是因为我很小就知道自己是个女孩。除了我的家人之外,每个人都一直将我视为女孩,我的家人也一直支持我。所以这对我来说完全不是问题。"

"好的,"精神科医生说,"那作为有色人种呢?这对你的自杀想法有影响吗?"

"完全没有,"埃斯佩兰萨说,"如果说有,那么可能是让我更不想去做什么。黑人并不会真的自杀。我是说,至少不会很多。"

"这是真的,"精神科医生说,"黑人女性的自杀率真的很低。甚至有一篇研究文章称自杀是'白人的事'。"[他指的是厄尔利和埃克斯的文章(Early & Akers, 1993)。]

埃斯佩兰萨微微地笑了起来,"没错,这是白人的事。我的族人,我们不这样做。"

"然而,"精神科医生说,"你确实有杀死自己的想法。所以你有一种在文化上不被期望的想法,对吗?"

埃斯佩兰萨的眼里泛起泪水。"是的,我觉得我做错了什么,"她说,

"我让我的族人失望了。不仅是其他黑人,还有跨性别者,他们都期待我坚强起来。所以这就是为什么我不能去做。我必须活着,不仅仅是为了我自己,也是为了其他人。"

这次简短的交流让精神科医生了解到埃斯佩兰萨的文化背景如何影响她的自杀风险。它揭示了力量和易感性的文化来源,需要在接下来的会谈中受到更多关注。

参 考 文 献

American Psychiatric Association. (2013). *Diagnostic and statistical manual of mental disorders (DSM-5)*. Washington, DC: American Psychiatric Publishing.

Berry, J. W. (2013). Achieving a global psychology. *Canadian Psychology/Psychologie Canadienne, 54*(1), 55–61.

Centers for Disease Control & Prevention. (2016). Injury prevention and control: Data and statistics (WISQARS). Retrieved December 12, 2016.

Chu, J. P., Goldblum, P., Floyd, R., & Bongar, B. (2010). The cultural theory and model of suicide. *Applied and Preventive Psychology, 14*(1), 25–40.

Chu, J., Floyd, R., Diep, H., Pardo, S., Goldblum, P., & Bongar, B. (2013). A tool for the culturally competent assessment of suicide: The Cultural Assessment of Risk for Suicide (CARS) Measure. *Psychological Assessment, 25*(2), 424–434.

Early, K. E., & Akers, R. L. (1993). "It's a white thing": An exploration of beliefs about suicide in the African-American community. *Deviant Behavior, 14*(4), 277–296.

Haas, A. P., Eliason, M., Mays, V. M., Mathy, R. M., Cochran, S. D., D'Augelli, A. R., ... & Clayton, P. J. (2010). Suicide and suicide risk in lesbian, gay, bisexual, and transgender populations: Review and recommendations. *Journal of Homosexuality, 58*(1), 10–51.

Lawrence, R. E., Oquendo, M. A., & Stanley, B. (2015). Religion and suicide risk: A systematic review. *Archives of Suicide Research, 20*(1), 1–21.

Morrison, L. L., & Downey, D. L. (2000). Racial differences in self-disclosure of suicidal ideation and reasons for living: Implications for training. *Cultural Diversity and Ethnic Minority Psychology, 6*(4), 374–386.

Värnik, P. (2012). Suicide in the world. *International Journal of Environmental Research and Public Health, 9*(3), 760–771.

Wendler, S., Matthews, D., & Morelli, P. T. (2012). Cultural competence in suicide risk assessment. In R. I. Simon & R. E. Hales (Eds.), *The American Psychiatric Publishing textbook of suicide assessment and management* (2nd ed., pp. 75–88). Arlington, VA: American Psychiatric Publishing.

技巧30: 调查自杀的宗教和心灵观点

"在临床评估中,个人的宗教信仰和自杀之间的关系常常被忽视。"

(Gearing & Lizardi, 2009, p.337)

宗教和心灵信仰会以多种方式影响自杀风险。对许多人来说,这些信仰是对自杀想法采取行动的一种威慑,特别是当他们的宗教观点谴责自杀时。许多研究认为更高程度的宗教参与与较低的自杀率相关(Koenig, 2016)。一项研究发现,即使考虑到宗教活动提供的社会支持,每周至少参加一次宗教仪式的女性,其自杀率也比没有参加的女性低84%(VanderWeele et al., 2016)。但同时,宗教信仰也可能增加一些人的自杀风险(Lawrence et al., 2016)。一些有自杀倾向的人感到被信仰抛弃,甚至受到惩罚;另一些人则没有感受到与信仰的疏远,相反,他们相信自己会被理解,甚至被"召唤"去死。

关于死后会发生什么的信念也很重要。如果一个人相信死后会与所爱的人团聚,那么对来世的信仰会增加易感个体的自杀风险。如果一个人相信死于自杀的人会受到神的惩罚,那么对来世的观念可以缓冲自杀风险。类似的,一个人对轮回的立场也可以提高或降低自杀风险。有些人相信他们会重生到更好的生活中,而另一些人则相信如果自杀身亡,他们会转世到同样的、甚至是更残酷的生活中。

为了探索宗教和心灵信仰如何影响一个人的自杀风险,社会工作者(Gearing & Lizardi, 2009)建议评估宗教对这个人的重要性、帮助或伤害这个人的方式、在压力时期的作用和应对,以及对自杀的立场。以下是一些可能的问题。

- "你有多虔诚?"
- "如果有,你的宗教信仰如何帮助你应对压力?"

- "你的宗教信仰或社区是否以某种方式增加了你的压力？"
- "你的宗教对自杀有什么看法？……你同意吗？"

如果被评估者信奉的宗教谴责自杀，那么需要探究该宗教的谴责与他们的自杀想法之间的差异。不要将此作为说服来访者放弃自杀的手段。相反，要设法了解这种差异是否会导致痛苦，了解其对自杀意图的影响。

在讨论被评估者的宗教和心灵信仰时，要注意保持文化敏感性。试图说服人们放弃信仰是不合适的。但是，挖掘他们的信仰所引发的对自杀的矛盾心理，并观察他们应用信仰的不一致，这是合适的。例如，有些人把关于"恩典"和"宽恕"的宗教信仰用于他人，但不用于自己。探究一个人对自杀的宗教和心灵立场，可以加深你对这个人自杀风险的理解。

"因为'地狱'是永恒的"

78岁的桑杰伊（Sanjay）轻声描述了一连串折磨他的想法：他觉得自己死了会更好，如果他不在了，他的子孙也会过得更好。他结婚53年的妻子在6个月前去世了。现在，桑杰伊被哀伤所包围，看不到任何活着的希望。

为了更好地了解桑杰伊按照自杀想法行事的风险，他的哀伤咨询师询问了他的宗教信仰。"一些有自杀想法的人有宗教或心灵信仰，这会影响他们对自杀想法采取行动的程度，"咨询师说，"对你来说是这样吗？"

"这就是问题所在，"桑杰伊说，"我害怕如果我自杀了，就会下'地狱'。"

"这是一个很大的恐惧，"咨询师说。

"确实是，"桑杰伊说，"因为'地狱'是永恒的，没有出路。而且我确定我的妻子不在'地狱'，所以我再也见不到她了。"

"你有特定的宗教信仰吗？"

"不，我没有，"桑杰伊说，"现在想想，我只是接受了关于'地狱'的宗教信息。"

"你认为你对'地狱'的恐惧足以阻止你对自杀的想法采取行动吗?"哀伤咨询师问,"或者这是一种可以抛在一旁的小恐惧?"

桑杰伊摇了摇头。"我会说,它们是相当大的恐惧。更准确地说,对下'地狱'的恐惧是让我到这里的唯一原因。无论到这里的情况有多糟糕,人间的'地狱'都不可能像死后的'地狱'那样糟糕。"

根据多年的经验,咨询师知道这可能会改变——虽然桑杰伊认为不会。她将继续警惕桑杰伊的自杀想法和对自杀死亡后的恐惧的变化。但是,至少在目前,桑杰伊对'地狱'的恐惧似乎是自杀路上的一堵墙。

参 考 文 献

Gearing, R. E., & Lizardi, D. (2009). Religion and suicide. *Journal of Religion and Health, 48*(3), 332–341.

Koenig, H. G. (2016). Association of religious involvement and suicide. *JAMA Psychiatry, 73*(8), 775–776.

Lawrence, R. E., Oquendo, M. A., & Stanley, B. (2016). Religion and suicide risk: A systematic review. *Archives of Suicide Research, 20*(1), 1–21.

VanderWeele, T. J., Li, S., Tsai, A. C., & Kawachi, I. (2016). Association between religious service attendance and lower suicide rates among US women. *JAMA Psychiatry, 73*(8), 845–851.

第 六 章
综合评估风险

技巧31： 征求来访者对自杀风险的自我评估

"凭借一生的经验，个人可能比外部评估者更能预测自己的行为。"

（Peterson et al., 2011, p.627）

在获得个体自杀风险的不同问题和方法中，一个经常被忽视的方法是直接询问当事人。人们对自己是否会尝试自杀的预测与评估自杀风险的标准化工具一样准确，有时甚至更准确（Peterson et al., 2011）。正如精神病学家赫希菲尔德（Hirschfeld, 2001）所说："确定来访者是否有紧迫自杀风险的最好方法就是直接问本人"（p.192）。以下是一些可能的问题。

- "你离开这个办公室后自杀的可能性有多大？……在接下来的几天里呢？"
- "你认为你今天不按自杀想法采取行动的安全性如何？……明天呢？……这周呢？"

无论这个人的回答是什么，一个有用的后续问题是："你回答的依据是什么？"（Peterson et al., 2011, p.629）也可以探讨，发生什么事会使未来的自杀可能性更高。反过来说，询问什么可以降低这个人对自杀想法采取行动的概率也是有用的。

"根本不高"

在一切都结束后,51岁的丹尼尔(Daniel)接受了一次叙事性访谈,讲述了他是如何想到自杀的。在查看了他的自杀行为史,检查了警告信号、风险因素和保护因素以及与他的精神科医生和妻子交谈后,专业人员发现丹尼尔的自杀风险水平仍然不明确。与他面谈的临床社工认为丹尼尔有中度的急性自杀风险。(或许。)尽管有多年的经验,但她并不十分确定。当然,没有人能够确定。但她想更确定一点。于是她问他。

"丹尼尔,"社工问,"你认为在未来几个月内你自杀的可能性有多大?"

"不是很高,"他说,"根本不高。"

"那么,天气预报员会说有20%的概率下雨,或者50%,或者其他。你认为你尝试自杀的百分比是多少?"

"真的,我会说不超过20%或30%。也许甚至没有那么高。"

"你把这个比例定在20%~30%的依据是什么?"社工问。

"哦,事情必须变得更糟糕,我才会真的自杀,"丹尼尔说,"我必须失去工作,失去妻子,失去希望,然后我才会结束这一切。"

"那么从长远来看呢?"她问,"往前想,你认为你最终死于自杀的可能性有多大?"

"嗯,那是不同的。我认为是70%或80%,"丹尼尔说,"也许更高。一旦我老了,不能照顾自己,我就觉得活着没有什么意义了。"

社工不敢只根据丹尼尔的预测做出评估。结合她从丹尼尔、他的精神科医生和他的妻子那里收集到的其他细节,丹尼尔对自己自杀风险的评估强化了她的看法。

参 考 文 献

Hirschfeld, R. M. A. (2001). When to hospitalize patients at risk for suicide. *Annals of the New York Academy of Sciences, 932*(1), 188–199.

Peterson, J., Skeem, J., & Manchak, S. (2011). If you want to know, consider asking: How likely is it that patients will hurt themselves in the future? *Psychological Assessment, 23*(3), 626–634.

技巧32: 评估自杀的急性风险

"当所有问题都被提出并得到回答后,关于自杀风险程度的最终决定是主观的。"

(Motto, 1991, p.77)

通常,一个紧迫的问题会让正在帮助自杀者的专业人员感到困惑,甚至是嘲弄:"这个人离开这个房间后有多大的可能按照想法采取行动?"可惜的是,没有公式或算法来确定谁会或不会尝试自杀。我们能做的就是估计自杀的风险。由于人类行为无法预测,对自杀风险的估计可能是不可靠的,因此一些专家质疑其效用(如,Large & Ryan, 2014)。尽管如此,为了确定下一步的行动,一定程度的风险估计依然是必要的。

对急性自杀风险的估计一般分为低、中、高和紧迫的类别水平(或类似的轻度、中度、严重和极端)(如,Bryan & Rudd, 2006; Berman & Silverman, 2014)。接下来要做什么,取决于你判断对方的自杀风险有多高,特别是在决定是否需要门诊或住院治疗时(技巧35—36)。你还应该考虑这个人的长期或反复的自杀想法、多次自杀未遂或其他持续的自杀风险因素,评估此人的长期自杀风险水平(技巧33)。

下面的材料大致描述了近期的各种风险水平。但首先,有一个警告:所有的一般情况都有例外。许多不同的变量会影响你对一个人的自杀风险的估计。这里举几个例子:治疗联盟的强度、你对来访者披露的信息的信任、来访者当前危机的性质、来访者对其困难的洞察力、来访者遵守安全计划的意愿和能力。请始终根据个体的独特症状和情况对风险进行个性化评估。

低（或轻度）急性风险

典型的低风险自杀者，虽然有自杀意念，但只有模糊的、过于笼统的、转瞬即逝的自杀想法或意象。他们没有自我报告的按这些想法行事的意图，没有自杀意图的客观指标，如制订计划和准备尝试自杀，之前没有尝试过自杀，除了自杀意念外，很少或没有自杀的重要警告标志以及精神症状。低风险的人通常有充足的希望、资源（如社会支持）、生存理由和其他保护因素。

但即使一个人的自杀风险看起来非常低，说某人没有自杀风险也是不合适的。就像我们无法确定谁会尝试或死于自杀一样，我们也无法确定谁不会。如果你确实认为某个人的自杀风险很低，请说出来，并解释原因。

示例：低急性风险

起初，袁（Yuan）对自己的新角色——急诊室医生感到欣喜。她很高兴自己经历了多年的训练，并且对自己的技能越来越有信心。但随着新工作持续带来压力，她开始难以入睡。然后出现了抑郁的症状，包括飘过脑海的自杀想法。晚上躺下睡觉时，她会想："我想死。""如果我自杀，会容易些。"她瞬间打消了这些想法。它们感觉如此随意、陌生和异乎寻常。这些想法不像是她的。现在，她很容易向她的初级保健医生列出不想自杀的原因：她对丈夫的爱；她对自己的职业感到自豪和满足；她参与了佛教寺庙和慈善团体的活动；她坚信生活中的苦难不可避免，但生活仍然需要细细品味。她没有自杀想法或行为史，既往没有过抑郁，也没有精神疾病或自杀家族史。她坚称她无意按照这些想法采取行动，这些想法每晚只出现几次，每次持续时间不超过几秒钟。她承认自己还有其他抑郁症状，例如食欲不振和精力减退，并且同意去看精神科医生，针对可能需要的药物治疗接受评估。

中度急性风险

中度风险类别是指那些自杀想法更持久或具体的人，但他们没有强烈的主观或客观的自杀意图迹象。通常情况下，会出现一些自杀的警告信号（技巧22），并且他们的精神症状正在恶化。他们可能考虑过自杀的方法，甚至有一些将自杀想法付诸行动的意图，但自杀意图很微弱，并且与强烈的生存欲望共存。另一种可以假定有中度自杀风险的情况是，一个人最近尝试过自杀（如，几天或几周内），但报告说不再有强烈的自杀愿望或意图，并且专业人员有理由相信他们的报告是可信的。由于最近的自杀行为，这类人群的自杀风险增加了。

示例：中度急性风险

达内尔（Darnell）的想法折磨着他，把普通的物体变成可以用来伤害自己的武器：卧室窗外的那棵树，浴室水槽旁的那瓶阿司匹林，厨房柜台上的那把刀，办公室窗外的那个阳台。他告诉社区诊所的护士，他经常有自杀的想法，希望能得到帮助并抗拒这些想法。他目前被诊断为抑郁症，10年前，他还是青少年时，曾有过2次自杀未遂史。"我并不是真的想死，"他说，"只是我的抑郁告诉我要这样做"。达内尔没有出现幻觉，他觉得可以控制自己是否按照自杀想法行事。他愿意参与安全计划，并允许护士打电话给他的女朋友，要求她从家里移走武器或确保潜在的武器安全，女朋友同意在达内尔回家之前这样做。达内尔进行了1周后的预约，那时护士将再次评估他的自杀风险。

高（或严重）急性风险

一种常见的高风险情况是，一个人有强烈的自杀想法，有计划和实施计划的方法，并打算尝试自杀，但短期内不会。另一种常见的情况是，最近尝试过自杀的人对幸存感到后悔，想再次尝试自杀，但缺乏能力或意图这样做。还有其他因素也会使某人处于自杀的高风险中，如自杀的命令幻觉以及与自杀意念相一致的药物使用和冲动。当某人处于严重的自杀风险水平时，就不能再假定保护性因素会降低风险（Berman & Silverman, 2014）。

> **示例：高急性风险**
>
> 63岁的伊利安娜（Iliana）在重症监护室里，连着监控设备，由于服药过量，她已经在那里住了2天。她的孩子和丈夫在床边守候，她很感谢他们陪伴的温暖。但她仍然想死。医生每天来查房时，她对医生说："我希望我从来没有醒来过。"在家人的时刻警惕下，她没有计划立即再次尝试自杀。她知道，只要她在重症监护室，她就会被阻止。但是她的自杀风险太高，在治疗结束后无法回家，所以医生安排她转到精神病院的住院部。

紧 迫 风 险

如果你有理由相信一个人在没有受到保护的情况下会在数小时或数天（通常为48~72小时）内尝试自杀，则应将其视为具有紧迫自杀风险（Berman & Silverman, 2014）。紧迫自杀风险不等同于即将自杀。说某人即将自杀是在预测一件不可预测的事。没有人可以肯定地说，如果不进行干预，就有人会死于自杀（Simon, 2006）。

> **示例：紧迫风险**
>
> 22岁的卡洛斯（Carlos）在十几岁时被诊断患有双相情感障碍。2个月前，他停止服用稳定情绪的药物，说"我不再需要它们了。"他现在处于抑郁发作期，他在每周的治疗中告诉心理治疗师，几天前他在一家当铺买了一把9毫米口径的手枪。他还说他准备在当天下午晚些时候带着狗去朋友家，然后向自己的头开枪。"命运叫我回家"，他说他不停地听到这个声音。他一生中曾4次尝试自杀，最近一次是9个月前刺伤自己。他拒绝围绕他的安全进行任何问题解决的努力。"我要去死，"他说，"这是命运想要的。"

对来访者自杀风险的估计将提示你应该采取哪些步骤来帮助确保他们的安全，尤其是在是否需要住院方面。技巧35—36涉及住院治疗，技巧37—43描述了可以支持此人安全的其他技术。

参 考 文 献

Berman, A. L., & Silverman, M. M. (2014). Suicide risk assessment and risk formulation part II: Suicide risk formulation and the determination of levels of risk. *Suicide and Life-Threatening Behavior, 44*(4), 432–443.

Bryan, C. J., & Rudd, M. D. (2006). Advances in the assessment of suicide risk. *Journal of Clinical Psychology, 62*(2), 185–200.

Large, M. M., & Ryan, C. J. (2014). Suicide risk categorisation of psychiatric inpatients: What it might mean and why it is of no use. *Australasian Psychiatry: Bulletin of Royal Australian and New Zealand College of Psychiatrists, 22*(4), 390–392.

Motto, J. A. (1991). An integrated approach to estimating suicide risk. *Suicide and Life-Threatening Behavior, 21*(1), 74–89.

Simon, R. I. (2006). Imminent suicide: The illusion of short-term prediction. *Suicide and Life-Threatening Behavior, 36*(3), 296–301.

技巧33： 估计自杀的慢性风险

"所有来访者都对未来的另一场自杀危机有不同程度的易感性。"

(Rudd, 2008, p.409)

一个矛盾的事实是，一个人在短期内自杀的风险可能很低，但在未来许多年，有时甚至是一生中，仍有很高的慢性自杀风险。警告信号和风险因素之间的区别解释了这种差异。正如技巧22所解释的那样，警告信号是表明在不久的将来有潜在自杀危险的想法、行为和症状。而风险因素是关于一个人的社会心理历史或人口统计学的、长期且往往不可改变的特征。即使在自杀计划、绝望感、烦躁和失眠等警告信号消失后，风险因素仍然存在。

正如估计某人的急性自杀风险水平，你也应该对他们的慢性风险进行分类。精神病学家沃策尔及其同事（Wortzel et al., 2014）将慢性风险分为低、中、高三个类别。

低慢性风险

在有过自杀想法的人中，低风险类别的人没有慢性自杀意念、自杀未遂史、持续和严重的精神疾病以及严重的冲动行为。这些人有一系列可靠的保护因素，包括良好的社会心理功能和应对技巧。

中度慢性风险

中度类别包括有严重心理健康问题的人，如慢性自杀意念、自杀未遂史、精神疾病和药物使用障碍。然而，他们的问题能通过保护因素、应对技能和社会心理稳定性得到相对平衡，这些都缓冲了此人再次尝试自杀的风险。即便如此，仍应继续制订安全计划（技巧38）。

高慢性风险

在缺乏足够的应对技能和资源的情况下，许多问题可能会使一个人长期处于自杀的高风险中。这些问题包括长期的自杀意念、自杀未遂史、持续的精神或医疗疾病以及社会心理问题，如不稳定的人际关系、生活状况和财务状况。慢性自杀风险高的人应该做好安全计划（技巧38）、保持家中没有枪支（技巧40），并减少获得其他致命手段的机会（技巧41）。一般来说，在没有高急性风险的情况下，高慢性风险不需要住院治疗。然而，要注意高急性风险——研究者称之为"慢性风险的急性恶化"（Bryan & Rudd, 2006, p.193）。高急性风险很可能需要住院治疗（技巧35）。

脆弱的平静

马克斯韦尔（Maxwell）带着伏特加的气味走进了社工的办公室。他摇摇晃晃地走向沙发。他说话时显得口齿不清，"一切都结束了，"他说，"我只是来告别的。"他打算一回到公寓就用猎枪射击自己。他啜泣着，感谢尚蒂（Shanti）的帮助。

尚蒂劝说马克斯韦尔等待救护车把他送到附近的急诊室，然后他被转移到酒精康复中心。1个月后，他回到了她的办公室。他说，自己感觉好多了。他看起来也好多了。这一次，他希望打破自己的纪录，保持清醒超过7个月。

"你有多想自杀？"尚蒂问道。

"一点也没有，"马克斯韦尔说，"我感觉好极了，谢天谢地！我跌到了谷底，但我又得到了一次机会。"

1个月前，马克斯韦尔的急性自杀风险非常高，而现在，如果他坚持治疗，那么风险很低。但有个问题。他能保持这种稳定和开心的状态多久呢？现年54岁的马克斯韦尔已经与酗酒斗争了30多年。他还患有双相情感障碍。虽然马克斯韦尔现在定期服用锂盐，但他过去曾多次停药，每次都复发精神病性抑郁或躁狂。他曾3次尝试自杀。

马克斯韦尔是一个很好的例子，说明了需要同时评估急性和慢性自杀风险。否则，根据马克斯韦尔目前对生活的渴望、清醒程度、药物治疗的稳定性和希望，他的急性风险将被归类为低水平。但他的慢性风险并不低。许多风险因素值得关注，特别是多次自杀未遂、反复出现的自杀意念、酗酒和双相情感障碍。马克斯韦尔与社会隔绝且经常失业，如果他再次开始喝酒或停止服药，他就很容易陷入另一场自杀危机。

基于马克斯韦尔长期以来的高慢性自杀风险，尚蒂知道要对复发的迹象保持警惕，即使他已经有很长一段时间没有自杀想法了，也要定期询问他是否有自杀想法，并说服他把猎枪从他的公寓里拿走。

参 考 文 献

Bryan, C. J., & Rudd, M. D. (2006). Advances in the assessment of suicide risk. *Journal of Clinical Psychology, 62*(2), 185−200.

Rudd, M. D. (2008). The fluid nature of suicide risk: Implications for clinical practice. *Professional Psychology: Research and Practice, 39*(4), 409−410.

Wortzel, H. S., Homaifar, B., Matarazzo, B., & Brenner, L. A. (2014). Therapeutic risk management of the suicidal patient: Stratifying risk in terms of severity and temporality. *Journal of Psychiatric Practice, 20*(1), 63−67.

技巧34： 大量记录

"从法律意义上讲，'如果没有记录，就没有发生过。'"

（Simpson & Stacy, 2004, p.186）

对自杀风险和干预措施的可靠记录是至关重要的。从本质上讲，记录对自杀者有帮助。写下评估和干预措施会迫使你分析你的临床决策、发现遗漏，并确定需要改进的地方。记录的过程也使你受益。如果来访者自杀身亡，有人对你提起诉讼或投诉，你记录的内容可能会被原告律师、医疗事故案件的陪审团以及州执照委员会阅读。在这种情况下，记录将作为你提供的服务的证词。你会希望这些证词对你的案件有利，而不是带来伤害。

有句俗语说，如果没有写下来，事情就没有发生，这对记录自杀风险有很大影响。假设你评估了一个人的自杀风险，并估计他自杀的可能性很低，但最坏的情况发生了，来访者死于自杀。如果你没有记录评估结果，你判断这个人自杀风险低的辩护理由就没有意义了。这看起来就像你根本没有评估自杀风险，这种疏忽使得临床工作者在来访者自杀后容易受到诉讼（Ellis & Patel, 2012）。这同样适用于你采取的安全措施和使用的技术。同时把它们写下来，以保持你对自杀者工作的充分记录。

记 录 什 么

首先，记住基本要素。所有自杀风险评估都必须以心理社会评估的基本领域为基础。这些基本要素包括当前的问题、最近的压力源、心理状态、精神障碍诊断、物质使用、创伤、心理健康问题既往史和治疗史、非精神障碍的医疗问题、相关家族史、关系状态及既往史、优势、资源以及来访者个人史或状况中与心理、社会和身体功能有关的其他方面。还应包括所有已签名的表格，例如摄入性表格和来访者签署的传达知情同意的文件。

具体到自杀风险，文件应涵盖风险评估过程的所有组成部分，从来访者目前的自杀意念和行为的细节开始。首先记录是否存在自杀意念。如果没有，写下你是如何发现的，包括这个人说了什么（详见下文）。记录所有既往自杀事件以及与未来可能产生的自杀想法相关的警告信号、危险因素、保护因素和文化因素。如果有自杀想法或行为史，一定要描述时间线。例如，只写此人曾3次自杀未遂，远不如记录这个人10年前、2个月前和1个月前曾自杀未遂更有意义。

如果此人确实报告了想死的愿望，记录想法的频率、强度和持续时间。记录这个人自我报告的自杀意图的程度，如果你知道，还要记录他打算何时行动。（如果不知道，也要记录。）描述有关意图的所有支持性或相互矛盾的证据。例如，如果这个人报告说没有自杀的意图，却拒绝丢弃旧的、可能致命的药物，那么应记录这一事实，并在风险评估中考虑这一因素（技巧32）。注意记录自杀的想法是否已经延伸到考虑方法、确定方法、获得工具、为自杀做其他准备（以及这些准备是什么）以及就何时何地进行自杀制订具体计划。此外，还要涉及过去的自杀意念、自杀未遂或非自杀性故意自伤史、警告信号、风险因素、生存理由、其他保护因素、文化因素、获得枪支或其他致命手段的机会以及来自他人的附带信息，如家人和专业人士。

如果此人缺乏自杀风险的重要标志，也要写下来。谢伊（Shea, 2011）称这些为"相关底片"（p.266）。例如，写下你问了这个人是否拥有枪支或可以得到枪支，对方说没有。如果你没有在病历中记录这一信息（如，"来访者报告没有枪支或可以获得枪支"），那么文件就会让人觉得你没有询问来访者是否可以获得枪支，而不是你问了并得到了否定的答案。

根据此人的自杀想法和计划的程度、精神症状、冲动性和其他危险指标，你应该记录你对此人在近期死于自杀的风险（即急性自杀风险）的估计（技巧32）。记下你相信——或不相信——来访者的反应的原因，这可能包括此人的心理能力、治疗联盟的质量以及此人过去表现出的诚实程度。根据来访者的长期风险因素，还要估计自杀的慢性风险水平（技巧33）。

记录还应包含所有风险评估问卷、来访者的安全计划和治疗计划的副本。仔细阐述你为确保这个人的安全而采取的所有措施以及理由。这些安全措施可能包括将来访者送入医院进行住院治疗（技巧35），合作制订安全计划（技巧38），减少获得致命手段的机会（技巧45）以及让来访者的家人参与（技巧48）。还要解释你考虑和否定的措施，比如住院治疗，以及理由（详见下文）。

随着时间的推移，记录还应该讲述来访者在治疗中的目标，你用来帮助他们实现目标的技术以及原因。在每一次治疗中，记录进展或自杀风险的变化，以及那些使来访者处于急性或慢性自杀风险的具体问题的解决方案。还要包括你从其他专业人士那里得到的咨询或督导内容，包括他们的建议和你因此而做出的改变。

使用自杀者自己的话

当对方说了一些特别有意义或说明性的话时，把它们逐字逐句地写下来。一定要用引号标出这些话，以明确它们是来自来访者，而不是你。这些直接引语可以作为你的记忆辅助工具，也可以帮助其他查看病历的专业人士了解来访者的情况。如果出现了治疗不当的审判，直接引语也很重要，就像来访者直接对陪审员说话一样（Simpson & Stacy, 2004）。

展示，不只是告诉

许多心理健康专业人士采用极简的（minimalist）方法来记录自杀风险。他们可能只写几句关于来访者的自杀想法（或者没有自杀想法）的内容，然后就不了了之。一些常见的短语有："来访者否认有自杀意念""来访者报告有一闪而过的自杀想法""来访者报告有自杀意念，但没有计划或意图"。这些短语是不够的。重要的是写出描述性的（illustrative）笔记，说明是什么让你相信这些结论。使用来访者自己的话在这里特别有帮助。

> **示例：极简的和描述的**
>
> **极简的**：来访者否认有自杀意念。
>
> **描述的**：当被问及时，来访者说她没有任何自杀想法或意象："我永远不会想到自杀。"她说她"总是"希望事情会好转。
>
> **极简的**：来访者报告有一闪而过的自杀想法。
>
> **描述的**：来访者说他每天有三四次想到自杀，每次持续几秒钟。他说："我会马上就把这个想法从我的脑海中赶出去。"当被问及如何做到这一点时，他说他会更加专注于当时正在做的事情。
>
> **极简的**：来访者报告有自杀意念，但没有计划或意图。
>
> **描述的**：来访者承认在过去的2周内想到过自杀，每天出现数次，每次持续"几分钟"。她说她没有想过任何方法，也没有尝试自杀的计划或意图："我绝不会真的做任何事情来杀死自己。"

为你的决定提供理由

许多心理健康专业人员担心，如果有自杀倾向的人最终尝试自杀或死于自杀，他们的记录反而会困扰他们。例如，一个人表现出强烈的自杀想法，但明确表示他们无意自杀。没有证据反驳此人的报告，也没有其他极端风险的标志。因此，你估计来访者的急性风险为中等，确定来访者不需要住院治疗，并继续帮助来访者制订安全计划。你把这些都写在这个人的记录里。第二天，这个人自杀身亡。文件证明你错了，是吗？不一定。有可能这个人真的不曾有过任何自杀的意图，但发生了一些不可预见的事情，导致自杀风险急剧上升。这就是为什么解释你的推理是至关重要的。你并没有被期望预言未来。预测自杀是不可能的（Simon, 2006）。你只能利用当时可用的信息来估计这个人的风险（技巧32—33）。如果你的判断是基于合理的风险评估（Knoll, 2015），那么犯错并不是你的疏忽。

在最佳行动方案不明显的情况下，精神病学家古特海尔（Gutheil, 1980）建议详细说明决策过程，包括考虑的不同方案的风险和收益。他补充说："作为一般规则，不确定性越大，越应该在记录中大声思考"（Gutheil, 1980, p.482）。

记录样例：自杀风险评估

下面的风险评估访谈记录采用了SOAP格式：主观（Subjective，来访者的报告）、客观（Objective，临床工作者的观察）、评估（Assessment，临床工作者的想法）和计划（Plan，临床工作者和来访者将要做的，或已经做的）（Cameron & Turtle-Song, 2002）。

主观：凯尼娅（Kenya）报告说，她感到"极度抑郁"。她说，自己1个月前开始抑郁——突然停用抗抑郁药（300毫克的安非他酮XR）几周后——因为她认为自己不再需要它了。6天前，她开始产生自杀意念，每天三四次，每次持续几分钟，没有明确的触发因素。昨天她第一次想到服用过量的泰诺。当分别问及每种方法时，她否认考虑过使用枪支、上吊、割腕或从高处跳下自杀。她和伴侣莎曼（Sharmaine）都没有枪支（莎曼在会谈快结束时通过电话确认了这一点），凯尼娅说她也没有机会获得枪支。她还说，她没有为自杀制订任何计划或采取任何准备措施。在0到10分的范围中，凯尼娅将自己的死亡愿望评为8分，自杀欲望5分，自杀意图0分，"我确实相信这会过去。"她否认之前有过任何自杀未遂或其他自伤行为。她说她的生存理由是伴侣、生物医学工程师的工作和宠物。

凯尼娅说，从15岁开始，她经历过几次伴有自杀意念的抑郁发作。最后一次发作是在3年前。她说，她每3个月与心理医生凯特琳·里韦拉（Caitlin Rivera）见面一次，此前没有接受过治疗。凯尼娅表示，她不使用酒精或其他药物，莎曼也证实了这一点。凯尼娅报告说，她有抑郁症（母亲、姨妈）、双相情感障碍（外祖父）和自杀（外祖父）的家族史。

客观：凯尼娅清醒，对人、地点、时间和情境有定向。她的情绪与抑郁情绪一致（会谈的大部分时间会流泪）。她的思想内容连贯、有逻辑且目标导向。她没有明显的精神病性症状。

评估：凯尼娅的诊断是重度抑郁症，严重、复发性的，没有精神病性症状。她的抑郁症状是情绪低落，有自杀意念，食欲下降，失眠，精力减退，有负罪感。她没有躁狂、轻躁狂或其他精神病史。根据目前掌握的信息，判断凯尼娅在短期内有中等程度的自杀风险，因为：她目前处于严重的抑郁发作中，连续6天每天都有自杀想法，并有服用过量泰诺的模糊计划；有自杀和抑郁症家族史；复发性抑郁症。保护性因素包括：她表示希望活下去；对感觉好转充满希望；曾经从抑郁症中康复；对安全计划的承诺；拥有来自莎曼的支持。此外，她没有物质使用问题、冲动或精神病性思维过程。这些保护性因素，再加上没有自杀计划、准备或意图，是判断她的急性风险不是高或紧迫水平的原因。我认为凯尼娅的自我报告是可信的，因为她在访谈中表现得很合作、很投入，而且很乐意让我在访谈中与莎曼通过电话交谈。但即使这次急性发作消退，由于反复发作的伴有自杀意念的抑郁以及自杀家族史，她的慢性风险仍然是中等水平。

计划：目前，门诊治疗是合适的，因为凯尼娅的自杀风险不高，她将从与伴侣、工作和社区的联系中受益。凯尼娅与我一起完成了一份安全计划（附图表*）。莎曼在电话中确认，已经从家里拿走了所有的药物和利

---

* 原书未附图表示例。读者在使用时，可根据实际情况在记录中增删这部分内容。——译者注

器。凯尼娅将遵循安全计划,并在3天后会见她的精神科医生,可能恢复抗抑郁药或其他药物治疗。我今天会给精神科医生打电话讨论。门诊治疗将针对自杀意念和抑郁症,采用认知行为技术来增加希望、改善情绪并建立应对技能。凯尼娅将于1月29日下午5点给我打电话确认安全状况,莎曼同意如果观察到任何恶化的情况,将与我联系。下一次治疗是1周后的2月3日中午12点。

参 考 文 献

Cameron, S., & Turtle-Song, I. (2002). Learning to write case notes using the SOAP format. *Journal of Counseling and Development, 80*(3), 286–292.

Ellis, T. E., & Patel, A. B. (2012). Client suicide: What now? *Cognitive and Behavioral Practice, 19*(2), 277–287.

Gutheil, T. G. (1980). Paranoia and progress notes: A guide to forensically informed psychiatric recordkeeping. *Psychiatric Services, 31*(7), 479–482.

Knoll, J. L., IV. (2015). Lessons from litigation. *Psychiatric Times, 32*(5), 41–51.

Shea, S. C. (2011). *The practical art of suicide assessment: A guide for mental health professionals and substance abuse counselors.* Stoddard, NH: Mental Health Presses.

Simon, R. I. (2006). Imminent suicide: The illusion of short-term prediction. *Suicide and Life-Threatening Behavior, 36*(3), 296–301.

Simpson, S., & Stacy, M. (2004). Avoiding the malpractice snare: Documenting suicide risk assessment. *Journal of Psychiatric Practice, 10*(3), 185–189.

第七章

注意即时安全

技巧35：了解何时和为何住院治疗

"最明确的住院指征是临床工作者的判断，即如果只接受门诊治疗，来访者可能有生命危险。"

（Bongar & Sullivan, 2013, p.203）

不同地区和医院的住院标准可能不同，但一般来说，因为自杀风险而住院，来访者必须在近期有很高或紧迫的风险。以下是一些常见的情况。

- 一个人有自杀的具体计划和方法，并打算很快实施该计划。
- 一个人最近自杀未遂，后悔活了下来，并打算在没人的时候再次尝试。
- 命令幻觉指示这个人以自杀的方式死亡，而此人将这些幻觉当作实际的、有意义的指示并遵循，而不认为是要观察和治疗的症状。

还有许多其他情况需要住院治疗，我们不可能把它们全部设想出来。例如，对于有自杀倾向的儿童和青少年，入院标准有时会比较宽松，因为他们的行为是冲动和不可预测的。

住院治疗并不是一种治愈手段。平均而言，个体在精神病院的停留时间不超过5~7天（U.S. Department of Health & Human Services, 2016）。除了少数长期医院或住院治疗机构，住院治疗的主要目标是保证安全和稳定危机，而不是治疗或康复（Glick et al., 2011）。没有证据表明住院治疗真的能拯救生命（Ward-Ciesielski & Linehan, 2014），但职业、道德以及（在某些情况下）保护个体安全的法律义务，要求专业人员使用住院治疗来提供更高水平的保护。

如果住院治疗是必要的，那么理想的情况是有自杀倾向的人同意住院。否则，你可能需要寻求非自愿住院治疗。请尽可能地避免非自愿住院治疗。强迫人们接受住院治疗，会剥夺他们的公民自由、扰乱他们的生活并且充满潜在的负面影响（Rüsch et al., 2014）。这也会对治疗联盟造成无法修复的损害，会让有自杀倾向的人更不愿意在未来寻求帮助。只有在仔细分析并认为收益大于风险时，才可以寻求非自愿住院治疗。如果时间允许，建议进行顾问咨询（技巧43）。

如果确定有住院治疗的必要，一定要在过程中确保推进。如果可能，不要让来访者单独离开你的办公室。即使家人想带他去医院，也建议使用救护车。在你的办公室和医院之间，自杀者有太多机会逃跑，甚至尝试自杀。如果来访者拒绝你的建议并离开，请通知警察和他的紧急联系人。在紧急医疗情况下，你可以不经来访者同意而透露保密信息，但仅限于保护来访者安全的需要。如果儿童或青少年有严重的自杀风险，而父母拒绝让他们住院治疗，你可能需要通知儿童保护服务机构，怀疑他们存在儿童忽视，这取决于你所属管辖区的法律。

在有自杀倾向的人到达医院之前，你应该打电话给社工、护士或其他适合的工作人员，提供有关这个人的自杀风险的详细信息。对医院工作人员来说，你的报告非常重要，因为这个人可能不会像对你那样向医院的工作人员披露信息。如果医院收治这个人进行住院治疗，你应与医院工作人员协调，协助确保照护的连续性。如果来访者同意，也建议与他们的家人保持联系。

来访者出院后，尽量在24~48小时内会见他们。对许多有自杀倾向的人来说，出院后的一段时间是很危险的。一项研究发现，女性在出院后的第一周内自杀身亡的可能性比平均水平高246倍，男性高102倍（Qin &

Nordentoft, 2005）。根据该研究，从精神病院出院后至少1个月内，自杀的概率仍然很高，而且在某些程度上增加的风险至少持续1年。为了解决精神病院住院后风险增加的问题，要增加治疗的频率，在治疗之间进行确认，或二者同时进行（技巧45）。考虑探索社区支持资源，例如强化门诊或部分住院项目，作为从住院来访者逐步"降级"的方法。与来访者一起回顾在医院制订的安全计划。与来访者探讨住院治疗的帮助，以巩固成果。还要看看住院没有帮助、甚至伤害了来访者的部分（技巧36）。最后，与来访者讨论如何处理出院后几天、几周和几个月内可能出现的挫折。

这些指导适用于自杀者真的需要住院治疗的时候。很多时候，专业人员会因为不必要的原因而建议住院治疗，这一点将在下一个技巧中阐述。

"这是我唯一能想到的"

54岁的玛丽乔（Mary Jo）在与精神科医生的季度会面中表露，她有自杀的强迫性想法。"如果可以，我现在就会杀了自己。这是我唯一能想到的，"她说的时候不带任何情感，只有麻木和几个月的失眠带来的压迫性疲劳。她说，当下，她听到一个声音告诉她，当她回到家时，要从高层公寓的阳台上跳下去。当被问及她能够在多大程度上抵抗这个声音时，她茫然地看着医生。"我为什么要抵抗？"她问，"必须要结束了。"

精神科医生马卢夫博士（Dr. Maalouf）很担心。虽然来访者的丈夫一直在照顾她，但他的工作是航空公司的飞行员，这使他每次都要离开家好几天。他第二天就要离开这里，飞往日本。即使有其他人可以陪着玛丽乔，当那个人睡觉或上厕所时，她也会逃跑。

马卢夫医生告诉玛丽乔，他认为她应该接受住院治疗。她没有任何情绪地说："好吧。"医生把她的丈夫菲利普（Phillip）从候诊室带进来，告诉了他这个计划。菲利普想直接把她送到医院，但医生提醒他，这太危险了。

15分钟后，一辆救护车将玛丽乔送到了最近的急诊室；她的丈夫和她一起坐着。医生给医院打了电话,并与负责进行社会心理评估的社工讨论。此后,他与玛丽乔入院的住院部保持联系,8天后,他在玛丽乔出院的第二天早上会见了她。

参 考 文 献

Bongar, B., & Sullivan, G. (2013). *The suicidal patient: Clinical and legal standards of care.* Washington, DC: American Psychological Association.

Glick, I. D., Sharfstein, S. S., & Schwartz, H. I. (2011). Inpatient psychiatric care in the 21st century: The need for reform. *Psychiatric Services, 62*(2), 206–209.

Qin, P., & Nordentoft, M. (2005). Suicide risk in relation to psychiatric hospitalization: Evidence based on longitudinal registers. *Archives of General Psychiatry, 62*(4), 427–432.

Rüsch, N., Müller, M., Lay, B., Corrigan, P. W., Zahn, R., Schönenberger, T., ... & Rössler, W. (2014). Emotional reactions to involuntary psychiatric hospitalization and stigma-related stress among people with mental illness. *European Archives of Psychiatry and Clinical Neuroscience, 264*(1), 35–43.

U.S. Department of Health & Human Services. (2016). National statistics on mental health hospitalizations. Retrieved on December 17, 2016.

Ward-Ciesielski, E. F., & Linehan, M. M. (2014). Psychological treatment of suicidal behaviors. In M. K. Nock (Ed.), *The Oxford handbook of suicide and self-injury* (pp. 367–384). Oxford: Oxford University Press.

技巧36: 知道何时和为什么不追求住院治疗

> "对因自杀而失去来访者的焦虑,往往会导致每次来访者威胁要结束自己的生命时,就决定把他们送去医院。"
>
> (Paris, 2007, p.87)

即使是处于自杀高急性风险的人,也可以在门诊接受治疗(Rudd, 2014)。一般来说,区分是否需要住院的主要特征是在短期内没有对自杀想法采取行动的意图以及有能力遵守安全计划(Wortzel et al., 2014)。如果来访者满足以下条件,那么门诊治疗通常是合适的:有一个合作制订的安全计划,并且来访者同意遵守(技巧38);尽可能消除接触枪支和其他自杀手段的途径(技巧40—41);增加会谈的频率以及会谈间的接触频率(技巧45);使重要他人参与治疗(技巧47)。

一些心理健康专业人员在来访者没有真正的直接危险的情况下,仍然追求住院治疗,因为他们害怕来访自杀带来的个人、职业和法律影响。这一般被称为"防御性实践"。精神病学家理马伦及其同事(Mullen et al., 2008)直截了当地写道:"每当执业医师将自我保护以免于担责放在比来访者的最大利益更重要的位置时,就会出现防御性实践"(p.85)。操作信念是:安全总比遗憾更好。但需要问的是:对谁更好?

建议住院治疗或许能减轻你的焦虑,但可能会伤害有自杀倾向的人。住院治疗确实提高了增加安全、监管和治疗的可能性。然而,即使人们得到了最好的护理,住院治疗也会产生负面影响。住院治疗通常伴随的恐惧、耻辱、孤立、无能为力和收入损失,会加剧焦虑和无望的感受。特别是对于儿童、青少年以及幼儿的父母,与家庭的隔离可能会造成新的创伤。除此之外,以保护自杀者为目标的措施也可能被视为有害的。例如,有自杀倾向的人往往不被允许在没有护理人员一直看着的情况下使用厕所或淋浴。虽然来访者可能认为这种持续的观察是对他们安全的担心，但也有人认为这是对他们的侮辱和侵扰（Cardell & Pitula, 1999）。

住院治疗的一些优势也可能引发矛盾性的负面影响。对一些人来说，来自护理工作人员的照护，日常压力和责任的缓解以及对治疗的集中关注，都会助长依赖性，甚至强化自杀行为（Chiles & Strosahl, 2005），尤其是边缘型人格障碍患者和将自杀作为应对或向他人传达痛苦的手段的人（Paris, 2007）。

在考虑住院治疗时，很重要的是了解潜在的伤害，并仔细确认风险和获益。每个人都应该在限制性尽可能低的环境中接受治疗。这可能意味着，当一个自杀风险很高却不足以住院的人走出你的办公室时，你需要忍受一定程度的焦虑。忍受这种焦虑是工作的一部分。

"没有保证……"

44岁的齐克（Zeke）一直在想椽子的事。车库还没有完工，露出了木质的椽子，如果他想上吊，每个椽子都足以承受他的重量。他强调说这会发生。他会上吊自杀。在他说话的时候，心理医生在脑子里列出了住院标准的清单。意念？有。计划？有。方法？有。死亡意图？有。

但缺少了一些重要的风险因素。齐克没有为自杀或后果做任何准备。另一个重要因素是时间。齐克什么时候会按照他的计划行动？"等到我们的女儿从高中毕业，"齐克在被问及时说。心理医生做了一个快速计算。当时是2月。毕业是在5月。3个月。如此遥远的自杀计划并不构成即刻的风险。

心理医生进行了更多探究。会不会有什么东西导致他更早采取行动？齐克坚定地表示，他不会"破坏"女儿的高三生活。他说，至少在接下来的几个月里，如果他的自杀冲动越来越强烈，他会遵循安全计划。但是齐克提出了一个轻微的不同想法，"这是我现在的感觉。不能保证我以后会有什么感觉。"

的确，不能保证。心理医生知道，自杀冲动可能会发生不可预知的变化。齐克今天不自杀的理由在另一天面对压倒性的心理痛苦、无望或压力时可能变得毫无意义。

心理医生感到很害怕。他极度不希望齐克自杀。他怀着恐惧的心情，想象着如果他不能阻止来访者自杀，随之而来的悲痛、自我怀疑和潜在的法律麻烦。他很想建议齐克寻求住院治疗。在医院里，齐克不仅能得到监管，而且更加安全。心理医生还可以将责任转移给其他人。

但心理医生也知道，他不能仅仅为了自己安心而把齐克关起来。因此，他和齐克一起研究了安全计划，增加了会谈和电话确认的频率，与齐克的精神科医生协调治疗，让他的妻子参与治疗（在齐克的同意下），并着手帮助齐克疗愈和重新找到希望——尽管没有任何保证。

参 考 文 献

Cardell, R., & Pitula, C. R. (1999). Suicidal inpatients' perceptions of therapeutic and nontherapeutic aspects of constant observation. *Psychiatric Services, 50*(8), 1066–1070.

Chiles, J. A., & Strosahl, K. D. (2005). *Clinical manual for assessment and treatment of suicidal patients*. Washington, DC: American Psychiatric Publishing.

Mullen, R., Admiraal, A., & Trevena, J. (2008). Defensive practice in mental health. *The New Zealand Medical Journal, 121*(1286), 85–91.

Paris, J. (2007). *Half in love with death: Managing the chronically suicidal patient*. New York, NY: Routledge.

Rudd, M. D. (2014). Core competencies, warning signs, and a framework for suicide risk assessment in clinical practice. In M.K. Nock (Ed.), *The Oxford handbook of suicide and self-injury* (pp. 323–326). Oxford: Oxford University Press.

Wortzel, H. S., Homaifar, B., Matarazzo, B., & Brenner, L. A. (2014). Therapeutic risk management of the suicidal patient: Stratifying risk in terms of severity and temporality. *Journal of Psychiatric Practice, 20*(1), 63–67.

技巧37：不要使用不自杀协议

"试图对一个有自杀倾向的来访者施加压力，让他签订一份不自杀协议，可能会被来访者解释为从临床退缩到法律中，而不是表达真正的关心。"

(Kroll, 2000, p.1685)

不自杀协议已经被广泛使用了数十年，现在，大多数专家已经不鼓励从业者使用这种协议（如Rudd et al., 2006; McMyler & Pryjmachuk, 2008）。不自杀协议（也称为安全协议或不伤害协议）需要来访者以口头或书面形式承诺，在指定时间内不对自杀想法采取行动。这是个简单的逻辑：一个人承诺不尝试自杀，意味着他是安全的，而且不会尝试自杀。真有这么简单就好了！如果有自杀倾向的人能够如此容易地抵制他们的冲动，那么寻求专业帮助的人就会少得多。他们将能够利用自己的力量、资源、自我控制和社会支持来抵制自杀冲动。然而，治疗的作用就是帮助人们创造这些有利条件，而不是假定它们已经存在。

几乎没有证据表明不自杀协议是有效的。相反，有证据表明它们不起作用。一项对精神病医生的调查发现，有40%的医生经历过来访者在口头或书面承诺不自杀后，仍然死于自杀或进行了严重的尝试（Kroll, 2000）。在另一项研究中，65%在住院期间尝试自杀的精神科住院来访者曾同意签订不自杀协议（Drew, 2001）。签订了"安全合同"的住院来访者比没有签订合同的来访者尝试自杀的可能性高5~7倍。

除了缺乏有效性，不自杀协议还可能会造成伤害。一些有自杀倾向的人报告，当被要求签订不自杀协议时，他们感到被胁迫、被推开、被误解（Farrow et al., 2002）。他可能会为了得到照护而被迫做出承诺。最糟糕的是，同意签订不自杀协议的来访者可能会因为害怕激怒治疗师或令治疗师失望，而隐藏"违反"协议的自杀行为。

最后，不自杀协议并不能让治疗师避免自杀发生时的责任（Garvey et al., 2009）。事实上，如果依赖来访者的承诺，没有定期评估自杀风险以及使用干预措施来降低风险，使用这样的协议反而会增加责任。一个有自杀倾向的人承诺不对自杀想法采取行动，会给你带来虚假的安全感，引起危险的自我满足。

与其强行要求对方承诺不做什么并期望对方遵守，不如帮助他们制订一个计划，用于应对自杀想法的出现。这就是安全计划的作用，下一个技术中将讨论。

"你想让我对你说你想听的东西"

心理学家玛丽亚·冈萨雷斯（Maria Gonzales）很自然地要求有自杀倾向的来访者签署一份书面协议，承诺不尝试自杀。她认为，这使来访者产生了一种责任感——不对自杀想法付诸行动，以免违反协议。

所以，当她的新来访者米哈伊尔（Mikhail）表达出了自杀想法时，冈萨雷斯博士提出了这个问题。"你能向我承诺，在我们下次见面之前的这一周，你不试图自杀吗？如果你有强烈的自杀冲动，我想请你先给我打电话，这样我可以尝试帮助你遵守这个承诺。"

"我不确定，"米哈伊尔说，"我的意思是，如果现在是凌晨3点，我想到了自杀，我不会打电话叫醒你。"

"我希望你能这样做，"玛丽亚说，"我希望能够帮助你活着。"

"不只是这样，这感觉很幼稚。"48岁的米哈伊尔在附近的一家医院担任麻醉师，他说，"而且看起来你只是想让我对你说你想听的东西，这样你就不用担心万一我死了你会被起诉。"

"我可以理解这种感觉，"冈萨雷斯医生说，"但这确实是为了保障你的安全。"

"如果我说不呢？"米哈伊尔问，"然后呢？"

冈萨雷斯医生发现，一场权力斗争正在酝酿。她可以告诉他，只有他同意签订安全协议,她才会为他治疗。但她意识到,这可能会带来两种结果。他可以做出空洞的承诺,正如他说的,只是为了对她说她想听到的。或者他可以走出门去,不再回来。两种结果都不会帮助他变得更好。所以她忍住了进一步逼迫他的冲动。

"如果你觉得做出这样的承诺是不对的,那么我也不想逼你,"冈萨雷斯医生说,"让我们来谈谈,如果你的自杀想法变得真的很强烈,以至于你会有自杀的危险,你可以做什么来确保安全……"

参 考 文 献

Drew, B. L. (2001). Self-harm behavior and no-suicide contracting in psychiatric inpatient settings. *Archives of Psychiatric Nursing, 15*(3), 99–106.

Farrow, T. L., Simpson, A. I., & Warren, H. B. (2002). The effects of the use of "no-suicide contracts" in community crisis situations: The experience of clinicians and consumers. *Brief Treatment and Crisis Intervention, 2*(3), 241–246.

Garvey, K. A., Penn, J. V., Campbell, A. L., Esposito-Smythers, C., & Spirito, A. (2009). Contracting for safety with patients: Clinical practice and forensic implications. *Journal of the American Academy of Psychiatry and the Law, 37*(3), 363–370.

Kroll, J. (2000). Use of no-suicide contracts by psychiatrists in Minnesota. *American Journal of Psychiatry, 157*(10), 1684–1686.

McMyler, C., & Pryjmachuk, S. (2008). Do "no-suicide" contracts work? *Journal of Psychiatric and Mental Health Nursing, 15*(6), 512–522.

Rudd, M. D., Mandrusiak, M., & Joiner, T. E, Jr. (2006). The case against no-suicide contracts: the commitment to treatment statement as a practice alternative. *Journal of Clinical Psychology, 62*(2), 243–251.

技巧38： 合作制订安全计划

"制订安全计划可能是治疗早期阶段进行的最重要的一项活动。"

（Wenzel & Jager-Hyman, 2012, p.124）

作为不自杀协议的替代方案，安全计划提供了一种具体的方式，与有自杀倾向的人合作，共同探讨抵制将自杀冲动付诸行动的方法。安全协议和安全计划之间的差异似乎很细微，但实际上，安全计划是更实用和赋能的。协议要求有自杀倾向的人承诺不对自杀想法采取行动（技巧37），而安全计划详细说明了如何不对自杀想法采取行动。并且，安全计划并不是一种承诺，如果这个人真的按自杀想法行动了，他也可以告诉你，而不必因为违反"协议"害怕你的失望或指责。

制订安全计划也可以为评估对方的自杀风险提供信息。例如，如果这个人对自己的安全漠不关心，或者无法确定能够提供帮助的朋友或家人，那么你就了解到了这个人的自杀风险和社会支持的缺乏。当你问来访者，他们可以做什么活动来转移注意力，或者可以用哪些自我对话来应对时，同样的原则也适用。如果这个人想不出来，就要把它看作重要的信息。

开始制订安全计划

本着合作的精神去解释安全计划的过程，并询问对方是否可以一起制订安全计划。有些人会拒绝。显然，如果这个人拒绝是因为对保障安全没有兴趣，那么就需要进一步探讨自杀风险。但是人们也可能因为有其他的事情想讨论而说不。在这种情况下，要寻找机会将安全计划纳入谈话中，比如，问一些问题："那么，下次有自杀的想法时，你会怎么做？""你能做什么来照顾自己？""你能到哪里去？"等等。这样，即使不明说，你也可以帮助来访者制订安全计划。制订一个安全计划并把它写下来是最理想的，即使不成文的、未言明的计划也比什么都没有好。

安全计划的不同类型

安全计划有不同的形式。在非正式的情况下，它可以是一个简单的列表，包括在自杀想法爆发时要做的事和要打电话的对象（包括电话号码）。有时，来访者会把它写在治疗师名片的背面。

示例：一个非正式的安全计划

如果有需要……

1. 提醒自己这一切都会过去
2. 看看手机里杰克和我们的狗的照片
3. 给妈妈打电话
4. 打电话给（治疗师）南希，电话：888-888-8888
5. 拨打自杀干预热线，电话：×××-×××-××××

一个结构化版本的安全计划在自杀预防领域也被普遍应用。这个版本由心理学家斯坦莉和布朗（Stanley & Brown, 2012）开发，包含一系列步骤。首先是来访者识别自杀想法可能出现或恶化的警告信号。包括所有想法、意象、情绪、行为或可能伴随自杀想法的身体感觉。触发自杀想法的情境也应在此列出。

接下来，安全计划要求来访者明确他们可以做什么事来分散注意力。理想情况下，来访者不会选择酒精、毒品或其他风险行为。物质滥用会损害判断力、削弱精神药物的效力、增加抑郁、恶化睡眠，并有解除抑制的作用，使人们更容易对自杀冲动采取行动。酒精就是强有力的例子。平均而言，在对自杀死亡者的大量研究中，大约有40%的人在自杀前喝过酒（Cherpitel et al.,

2004）。提供有关物质滥用和其他破坏性行为的危险性教育，并鼓励来访者转向建设性的替代方案。如果对方不愿意，可以让他说出应对的利弊，探讨矛盾心理，并给出专业意见，即不健康行为正在危及他们的生命。

在想出独自分散注意力的方法后，安全计划将转向可以求助的他人和地点，同时不向他人透露他们需要帮助。在下一步中，这个人会决定可以向哪些朋友、家人和其他非专业人士寻求帮助，他们可以去找这些不同的人——让自己忘掉自杀的事。然后，确定可以打电话或拜访求助的专业人员、机构和热线。在向他人求助之前，通过练习转移注意力、应对和社交技巧，来访者可以建立自我效能感，认为自己有能力抵制自杀想法（Stanley & Brown, 2012）。跳过前面，直接进入后面的步骤，也是可以的。如果来访者急需帮助，就鼓励他们这样做。

最后，安全计划会转向可以保持环境安全的方法，通常是将自杀的致命手段从来访者处移走（技巧40—41）。尽管来访者应该立即采取行动，但这一要素在安全计划过程中被安排在最后。先完成安全计划的其他步骤，可以帮助来访者建立动机，并认识到自杀之外的其他选择（Stanley & Brown, 2012）。

有时，来访者很难想出资源和选择。例如，来访者可能会对在危机中联系谁而感到困惑。虽然安全计划被设计为按顺序完成，但如果来访者难以完成一个步骤，就继续下一个步骤。否则，他可能会被那一部分所困扰，而完全停止这个过程。如果可能，可以在未来补上缺少的信息。

后面将进一步举例。

评估遵循计划的动机

在安全计划制订过程中的每一步，都要问来访者，他们有多大的可能贯彻执行计划的那一部分。同样重要的是，评估他们在遵循安全计划时可能面临的障碍，并帮助他们做出必要的调整。

- "从0到10，0代表完全不行，10代表完全可以，在下次有自杀想法的时候，你有多大可能会执行这个步骤？"
- "什么会让你难以完成安全计划中的这个步骤？"

同时要求来访者确定将安全计划保存在哪里，以便方便地得到它。有些人直接将计划输入手机或将书面计划拍照。另一些常见的做法是把书面计划放在钱包里，放在容易拿到的抽屉里，甚至是冰箱门上。如果有自杀倾向的人是儿童或青少年，安全计划应与他们的父母或其他照顾者分享。如果自杀者是成年人，让朋友或家人了解他们的计划可能会有帮助，特别是如果他们和某人住在一起，但来访者可能会决定保密。

当自杀者不遵守计划时，为了避免他们自我攻击或担心你会失望，你可以明确表示，安全计划是一项持续进行的工作，可以修正和调整。

有相关的应用程序！

有很多关于安全计划的应用程序（application, App），通常是免费的，适用于苹果（iPhone）、安卓（Android）手机和其他电子设备。人们可以使用这些App来记录不同的应对策略。一些App会提供额外的功能，如危机和非危机支持服务的信息，链接到设备通讯录中的联系人以及用于放松和转移注意力的音乐与指导性的冥想（Larsen et al., 2016）。

示例：一个结构化的安全计划

以下是为一位年轻女性制订的安全计划，她有过量服用浴室柜子中的处方止痛药的想法。

第一步：预警信号。

1. 头脑里有焦虑的感受
2. 睡到中午或白天睡了很久
3. 对那些通常不会困扰我的小事感到烦躁

第二步：内部应对策略——我可以在不与他人联系的情况下，做一些事来转移注意力。

1. 听欢快的音乐
2. 在手机上做数独游戏
3. 带朱尼珀去散步

第三步：可以转移注意力的人和社会环境。

1. 姓名：杰克　　　　　电话：111-111-1111
2. 姓名：妈妈　　　　　电话：888-888-8888
3. 地点：星巴克
4. 地点：宝石湖公园

第四步：我可以求助的人。

1. 姓名：阿曼多　　　　电话：111-111-1111
2. 姓名：罗里　　　　　电话：333-333-3333
3. 姓名：洛莉　　　　　电话：555-555-5555

第五步：在危机中我可以联系的专业人员或机构。

1. 医生姓名：S医生　　 电话：777-777-7777

   医生电话或紧急联系人：同上

2. 医生姓名：M医生　　 电话：444-444-4444

   医生电话或紧急联系人：222-222-2222

3. 自杀干预热线　　　　电话：×××-×××-××××
4. 当地急救服务：林肯医院急诊室

   急诊服务地址：林肯街东75号

   急诊服务电话：999-999-9999

让环境变得安全：

1. 把偏头痛治疗药物给杰克，让他帮我保管
2. 扔掉维柯丁（Vicodin）

> 这个安全计划使用了心理学家斯坦莉和布朗（Stanley & Brown, 2012）开发的模板。经他们许可，在此引用。

参 考 文 献

Cherpitel, C. J., Borges, G. L., & Wilcox, H. C. (2004). Acute alcohol use and suicidal behavior: A review of the literature. *Alcoholism: Clinical and Experimental Research, 28*(5), 18s–28s.

Larsen, M. E., Nicholas, J., & Christensen, H. (2016). A systematic assessment of smartphone tools for suicide prevention. *PLoS One, 11*(4), e0152285.

Stanley, B., & Brown, G. K. (2012). Safety planning intervention: A brief intervention to mitigate suicide risk. *Cognitive and Behavioral Practice, 19*(2), 256–264.

Wenzel, A., & Jager-Hyman, S. (2012). Cognitive therapy for suicidal patients: Current status. *The Behavior Therapist/AABT, 35*(7), 121–130.

技巧39： 鼓励推迟

"在我看来，在与有自杀倾向的人打交道时，最有力的临床干预措施之一就是与来访者坦诚协商，将自杀推迟到之后的时间点。"

（Jobes, 2016, p.77）

虽然自杀始终是一种选择（技巧18），但你可以鼓励自杀者等待。心理学家乔布斯（Jobes, 2016）指出，推迟自杀"并没有从易感的来访者身上消除他们的权力和自主感，自杀的选择在心理上是有保证的"（p.77）。这个人总是可以选择之后再自杀死亡。同时，推迟为来访者争取了时间，给了治疗一个机会。在要求对方等待的同时，你也表达了你们在这期间一起做的工作可以帮助他们改变、治愈，并再次希望活着。

下面提供了一个例子，说明如何请求有自杀倾向的人推迟行动，至少暂时推迟。

虽然自杀是一个可用的选择，而且基于你对自己处境的看法，是可以理解的，但关键是你允许我们花一些时间来努力减少你的情绪痛苦……你是否愿意与我合作，暂缓自杀的选择，让自己有时间来解决这些问题？

（Meichenbaum, 2005, p.70）

如果对方拒绝了暂缓自杀的提议，怎么办？一些专业人员拒绝与有自杀倾向的人合作，除非他们承诺将自杀暂缓一段时间。在我看来，这相当于要求签订一个不自杀的协议或承诺，出于许多原因，我们不建议采取这种做法（技巧37）。要求一个人在没有掌握技能之前就放弃行为是不公平的。相反，我建议鼓励对方暂时不考虑自杀，带着好奇心探索可能存在的任何不情愿或矛盾心理，并在需要时继续重新讨论这个话题。

> ### "你愿意给治疗一个机会吗？"
>
> 46岁的阿图罗（Arturo）把自杀比作一个逃生舱口。"如果事情变得太糟糕，"他说，"我可以随时离开。"
>
> "阿图罗，我知道你不想放弃自杀这个选择，"他的社工说，"同时我认为，我们在治疗中一起做的工作可以帮助你找到生存理由。虽然没有任何保证，但治疗可能以多种方式起作用。在结束生命之前，你愿意给治疗一个机会吗？"
>
> "那听起来都很不错，"阿图罗说，"但我不知道我能不能做出承诺。"
>
> "我不是要求你做出承诺，"社工说，"我真的只是请你考虑给这种治疗一个机会，为期3~4个月。是否自杀而死是你的选择，但我希望你能给治疗一点时间来帮助你。"然后，她借用了乔布斯著作中的几句话："为什么不试一试呢？你有机会得到一切，而真的不会失去什么"（Jobes, 2016, p.5）。
>
> "我想你是对的，"阿图罗说，"虽然我想自杀很久了，但我还在这里。如果可以扭转局面，我愿意这样做。在接下来的几个月里，我会给治疗一个机会争取一下。我以后总是可以自杀的。"
>
> "是这样的，"社会工作者说，"而且我相信，在这期间你可以开始感觉更好。让我们来谈谈这个问题……"

参 考 文 献

Jobes, D. A. (2016). *Managing suicidal risk: A collaborative approach* (2nd ed.). New York, NY: Guilford Press.

Meichenbaum, D. (2005). 35 years of working with suicidal patients: Lessons learned. *Canadian Psychology/Psychologie Canadienne, 46*(2), 64–72.

技巧40: 关于获得枪支的问题解决

> "一个临床公理是：在有自杀倾向的来访者家里，没有任何地方能够安全储存枪支。"
>
> （Simon, 2011, p.141）

当有人使用枪支自杀时，几乎没有生存的机会。约85%故意开枪自杀的人都会死亡。相比之下，故意服用过量药物或毒物的人的死亡率是2%（Miller et al., 2012）。在那些开枪后幸存下来的人中，许多人遭受着不可逆转的伤害，如脑损伤、失明和瘫痪。这些严峻的事实强调了减少自杀者获得枪支的重要性。

美国的一些州和联邦法律限制有精神疾病或暴力风险的人持有枪支。法律会发生变化，所以如果你在美国，请查看你所在地区的现状。防止枪支暴力法律中心有一个此类法律的数据库。如果你所在地区的法律不允许当局在一个人存在自杀风险时拿走他的枪，那么你就有责任与这个人探讨持有枪支和自杀冲动的危险组合，并以合作的方式进行问题解决，讨论可以做什么来减少危险。

首先，尝试获得支持

许多人拒绝从家中移除枪支，哪怕是暂时的。为了尽量避免权力斗争，动机式访谈要求通过积极倾听让来访者参与，共同协商解决有关枪支的问题（而不是采取专制、指令性的方法），向对方征询把枪支留在家中的利弊，并唤起和加强"改变谈话"（Britton et al., 2016）。经历了这个过程后，有一些关键性的问题。

- "鉴于你一直有自杀想法，容易获得枪支的优点和缺点是什么？"
- "那么，根据你所说的把枪放在家里的优点和缺点，你想怎么做？"

- "接下来的步骤是什么？"

心理学家布里顿及其同事（Britton et al., 2016）指出，目标不一定是让来访者立即决定把枪支从家里拿走。他们写道："有时，临床工作者的目标是鼓励来访者开始思考安全的方式，让他们在治疗后自己决定"（p.56）。

其他人则采取更直接的方法。心理学家乔布斯（Jobes, 2016）提供了与一个假想来访者的对话，他坚持要求该男子将枪支从家里拿出来。乔布斯承认对方的痛苦和绝望，并补充说：

尽管如此，还是有什么把你带到了这里。为什么我们不试着尊重带你来的那部分自己，并尝试做我们能做的事情来拯救你的生命呢？你看，现在，你办公桌抽屉里的手枪正在与可能救命的治疗方法竞争，如果打算挽救你的生命，我们需要消除这种诱惑……我可以毫不怀疑地说，如果你向自己开枪，那么治疗将不会起作用！

（Jobes, 2016, pp.97–98）

为了帮助来访者与枪支保持安全距离，你可以考虑以下选择。
- 把枪支从家中移走。
- 使枪支无法使用。
- 把枪支锁在家中。
- 把枪支与生存理由提醒存放在一起。

选项1：把枪支从家中移走

毫无疑问，最好的解决办法是让这个人在家中或其他地方都无法接触到枪支。朋友或家人可以保管他们的枪支，直到自杀危机解决。这个人可以将枪支交给当地警方，尽管警方可能不愿意归还。让家里没有枪支的另一个选择是，来访者将枪支卸下子弹，存放在储存设施、保险箱或枪支射击场，前提是这样做是合法的，而且存放地允许这样做。他们的朋友或家人可以保管钥匙或认领标签。

美国各州的法律对将枪支交给别人是否合法有不同的规定，而且不是所有人都能合法拥有枪支。如果合法，他人可以持有自杀者的枪支。这个他人应该在自杀者回家之前把枪支拿走，因为处理枪支本身就会使有自杀倾向的人处于危险之中。如果来访者允许，尽量直接与取走枪支的人交谈，确认来访者不会再接触到枪支。

在你的职业生涯中，永远不要为有自杀倾向的人保管枪支。出现问题的可能性是巨大的。暂时拥有他人的枪支将使你面临相当大的危险、责任和治疗关系的复杂化。

选项2：使枪支无法使用

可以请一个值得信赖的他人拆除并保存枪支的一个关键部分，如滑轨或撞针。这需要对枪支的机械原理有一定了解，如果这个他人对枪支了解不多，那么事情就会变得复杂。（记住，如果可能，自杀者不应该与枪支接触。）如果自杀者拒绝其他选择，那么处理掉弹药是一个很好的步骤，但这并不会使枪支无法使用，弹药很容易再次购买。不过，补充弹药所需的时间可能保护自杀者不做冲动决定。

选项3：把枪支锁在家中

另一种可能性是来访者把枪支上锁，并把钥匙或密码交给他人。要做到这一点，需要使用枪锁或枪支保险箱。枪锁包括扳机锁、枪膛锁和电缆锁。但是，锁是可以被打开的，因此这些选项不如前述的两种有效。

选项4：把枪支与生存理由提醒存放在一起

如果所有其他方法都失败了，而且对方明确表示要将枪支放在家中，保持完全组装和上膛，那么或许你可以说服此人至少将枪支放在生存理由提醒旁边。这可以包括亲人的照片或鼓励的应对陈述（如"这种感觉不会永远持续下去",见技巧69)。个人可以在枪支上贴上可以阻止他们扣动扳机的信息,如亲人的名字或危机热线的号码。一个名为"保护退伍军人(Cover Me Veterans)"的组织为退伍军人提供"枪皮",旨在阻止他们自杀。这种"枪皮"包裹着枪柄,上面可以定制亲人的照片或其他生存理由。

请牢记……

一方面,拒绝限制自己获取枪支的途径,可能意味着自杀意图达到了一定程度,需要被送入精神病院;另一方面,这可能仅仅意味着来访者对枪支所有权或保护家庭的能力充满热情。对自杀风险的评估和在评估的背景下解释来访者的拒绝,这都取决于你。无论发生什么,一定要记录这个过程。

儿童、青少年和枪支:一个特殊的案例

正如精神病学家布伦特及其同事(Brent, 2000)所发现的,即使孩子有自杀的危险,许多父母也拒绝把他们的枪支从家里拿走。布伦特的研究小组研究了一项针对患有重度抑郁障碍的青少年的干预措施。接诊时,父母被问及家中是否有枪。对于那些说"有"的家长,治疗的临床工作者坚定地建议他们把所有枪支从家里拿走。如果父母拒绝,临床工作者会举例说明,即便枪支被藏起来、锁起来或看起来很难得到时,仍有孩子得到枪支并自杀身亡。但即使有了这些信息,即使青少年被诊断为重度抑郁(其中许多人有自杀的想法或行为),在四对家中有枪支的父母中,只有一对将枪移走。

如果你正在与有自杀倾向的儿童或青少年工作,而他们的父母或监护人拒绝移走家里的枪支,法律可能会要求你给当地的儿童保护服务机构打电话。那里的工作人员有权要求父母和监护人为他们照顾的儿童维持安全的环境。把一支上了膛的枪放在有自杀倾向的孩子身边,是绝对不安全的。

参 考 文 献

Brent, D. A., Baugher, M., Birmaher, B., Kolko, D. J., & Bridge, J. (2000). Compliance with recommendations to remove firearms in families participating in a clinical trial for adolescent depression. *Journal of the American Academy of Child & Adolescent Psychiatry, 39*(10), 1220-1226.

Britton, P. C., Bryan, C. J., & Valenstein, M. (2016). Motivational interviewing for means restriction counseling with patients at risk for suicide. *Cognitive and Behavioral Practice, 23*(1), 51-61.

Jobes, D. A. (2016). *Managing suicidal risk: A collaborative approach* (2nd ed.). New York, NY: Guilford Press.

Miller, M., Azrael, D., & Barber, C. (2012). Suicide mortality in the United States: The importance of attending to method in understanding population-level disparities in the burden of suicide. *Annual Review of Public Health, 33*, 393-408.

Simon, R. I. (2011). *Preventing patient suicide: Clinical assessment and management.* Arlington, VA: American Psychiatric Publishing.

技巧41： 也讨论其他自杀工具的获得

"由于毒药（如大量的对乙酰氨基酚）、高大的建筑物（如所有超过三层的建筑物）、勒杀装置（如塑料袋或油管*上的套索课程）和尖锐物品（如厨房刀、扫帚柄、碎玻璃）的广泛存在，有自杀倾向的人所处的环境绝不可能是不致命的。"

(Bongar & Sullivan, 2013, p.178)

一旦一个人产生了自杀的意图，无数的日常物品都会成为潜在的武器：一辆行驶中的汽车、一座桥、一把剪刀、一块玻璃碎片、一条皮带。想自杀的人可以找到无数的方法，这取决于他们的创造力。尽管有这些限制，专业人员仍然可以向有自杀倾向的人和他们的亲人提供指导，来减少获得可以转化为针对自己的武器的日常物品。

正如技巧40解释的，只要有可能，就应该把枪支移走或使其无法接触。此外，根据有自杀倾向的人的危险程度，其他可能构成危险的物品包括：药物、家用化学品、尖锐物品（如刀和剃刀片）以及绳索、床单和其他可能被用于悬挂或勒杀自己的工具。塑料削笔器也很危险，因为厚厚的刀片很容易取出。许多非处方药是不安全的。特别是，对乙酰氨基酚（如泰诺）和布洛芬的致命剂量比许多人意识到的要小得多。例如，一项针对青少年的研究发现，几乎20%的人错误地认为过量的对乙酰氨基酚不会致命，另外20%的人高估了不会引发受伤或死亡的服药量（Myers et al., 1992）。

为了确保不让有自杀倾向的人接触到潜在的危险物品，家人可以把这些物品从家里拿走，或者把它们锁起来。可以花50~100美元购买一个小型保险箱，用于安全储存药物、刀具和剃刀。如果没有保险箱，可以把这些物品放在

---

* 美国的视频网站，英文名称为"YouTube"。——译者注

邻居家或汽车的后备箱里。把物品藏在家里但不上锁并不是最理想的选择，不过总比让它们能够轻易地被接触到要好。

不幸的是，在日常生活中，可以作为对付自己的武器的物品无处不在。例如，从实际情况来看，很难从家中清除所有可能被用于悬挂和勒杀的手段，除了绳索和床单，还包括皮带、塑料袋、电源延长线、撕开的床单，甚至是鞋带。如果一个人的自杀风险很高，以至于铅笔刀、皮带或塑料袋的存在都会威胁到他们的生命，那么他们可能需要更多的强化护理。

"我想我需要阻止另一个我"

伊玛尼（Imani）的心理医生有很好的记忆力。因此，当62岁的伊玛尼产生自杀想法，二人一起制订安全计划时，心理医生知道有些事情不太对劲。伊玛尼说她家里没有可能致命的药物。但心理医生记得，6个月前，伊玛尼拔掉了一颗受感染的牙齿。

"你去年秋天做牙齿手术时的止痛药呢？你都用完了吗？"心理医生问。

"哦……那个，我真的没想到那些药片，"伊玛尼说，"我确实还有很多，而且我不太愿意丢掉它们。"

"留着这些药的利弊是什么？"他问。伊玛尼犹豫了一下，"我有时可能会再次需要它，"她说，"而且它很难得到。医生不会随便开麻醉剂。"

"那倒是，"心理医生说，"丢掉它的好处是什么？"

伊玛尼探讨了利和弊。最终，她做出了决定——她意识到，正如她所说，"与你交谈的'我'并不是真的想死。当感到孤独和抑郁时，我在深夜变成的另一个'我'才是让我害怕的。我想我需要阻止另一个我。"

治疗结束后，伊玛尼立即回家，把剩余的药片冲进马桶里。

参 考 文 献

Bongar, B., & Sullivan, G. (2013). *The suicidal patient: Clinical and legal standards of care*. Washington, DC: American Psychological Association.

Myers, W. C., Otto, T. A., Harris, E., Diaco, D., & Moreno, A. (1992). Acetaminophen overdose as a suicidal gesture: a survey of adolescents' knowledge of its potential for toxicity. *Journal of the American Academy of Child & Adolescent Psychiatry, 31*(4), 686–690.

技巧42: 如果身患绝症,(或许)采取不同的做法

>"对没有绝症的人来说,自杀会缩短他们数年甚至数十年的生命,而身患绝症的人自杀可能只是加速了几个月,甚至几周或几天的死亡。"
>
> (Campo-Engelstein et al., 2016, p.172)

预防自杀的首要信息是:"不要这样做!"人们被敦促不要自杀——不要相信心中悲观的假象,不要缩短有如此多潜力未被开发的生命。很明显,预防自杀是为了防止自杀。然而,当一个人身患绝症时,对难以忍受的痛苦和逐渐恶化的预期往往不是认知歪曲,在许多情况下,它们反映了即将到来的现实。因此,有些人认为,在身患绝症的背景下,故意结束生命的行为并不是真正的自杀,相反,这个人正在加速死亡,而正常的自杀预防规则有时会被暂停。

在美国,有一些司法管辖区允许通常被称为"医生协助自杀""加速死亡""有尊严的死亡""医生协助死亡"或"协助死亡"的行为[1]。截至2017年6月,俄勒冈州、华盛顿州、佛蒙特州、加利福尼亚州、科罗拉多州和华盛顿哥伦比亚特区的法律允许医生为身患绝症的人开出致命剂量的药物,条件是这个人预计在6个月内死于疾病,并且心智健全。虽然蒙大拿州没有制定法律,但该州最高法院在2009年曾裁定,允许医生协助自杀。在世界上,有少数国家允许协助自杀,如加拿大、瑞士、荷兰、比利时和卢森堡。

即使在医生协助自杀被视为非法的州,心智健全的个人也可以自由地做出导致死亡的医疗决定。比如,一个人有权停止透析或拒绝拯救生命的癌症治疗。心智健全地做出这种决定的人也有权停止吃喝,作为结束自己生命的手段(Pope & Anderson, 2011)。这些行为——拒绝医疗、食物和水——是不作为(omission)行为,与过量服用致命药物的行为不同。

复杂的是,很大一部分想结束自己生命的绝症来访者患有严重的抑郁症

或其他精神障碍（Wilson et al., 2016）。抑郁症等精神疾病并不会自动导致某人丧失做出理性医疗决定的能力（Levene & Parker, 2011），但专业人员确实需要仔细评估这个人的决策能力。许多人认为，抑郁症应该在被允许结束生命之前得到治疗和解决，但也有人指出，抑郁症可能是绝症带来的身体疼痛和情绪困扰的自然结果（Stefan, 2016）。

在不存在确实损害理性决策的因素的前提下，协助自杀的合法性让人质疑预防自杀在绝症情况下的作用。一般来说，在美国，当一个人很快会有自杀死亡的极端危险时，心理健康专业人员应该启动自愿或非自愿住院程序（Bongar & Sullivan, 2013）。

在使用本技巧时，心理健康专业人员的观点是基于对各州法律和专业组织的道德准则、政策声明以及相关法律案件中的庭审简报的审查，而你也应该精通你所在地区的法律，审查你的专业道德准则，并在出现这种问题时寻求法律咨询。

"我不会等待死亡来带走我"

35岁的阿尔文（Alvin）4个月前有一只眼睛失明，这一症状导致他确诊脑癌晚期。肿瘤医生告诉他，他最多还能活3~6个月。"我不会等待死亡来带走我，"阿尔文在临终关怀的一次家访中告诉社工，"我不打算让我的妻子和孩子们承受看着我受苦的持久噩梦。"阿尔文告诉社工，在未来几个月中的某个时刻，当病情恶化时，他会在家里使用他在网上购买的有害气体罐平静地结束自己的生命。阿尔文更希望使用肿瘤医生开出的致命剂量的药物，但他居住的州不允许医生协助自杀。坐在他身边的妻子告诉社工，她支持他的计划，正如她所说的，"按自己的方式死去。"

社工陷入了两难境地。她的评估显示，阿尔文的思维是有逻辑的、清晰的、集中的。她没有观察到精神病、抑郁或其他可能影响他理性思考其决定的疾病。尽管如此，一位同事告诉社工，她有法律和道德义务阻止阿尔文结束生命。如果社工确实有义务保护阿尔文，那么一旦阿尔文决定启动他的计划,她就需要启动入住精神病院的程序。这个想法让社工心烦意乱……

如果你是阿尔文的社工,你会怎么做?

参 考 文 献

Bongar, B., & Sullivan, G. (2013). *The suicidal patient: Clinical and legal standards of care*. Washington, DC: American Psychological Association.

Campo-Engelstein, L., Jankowski, J., & Mullen, M. (2016). Should health care providers uphold the DNR of a terminally ill patient who attempts suicide? *HEC Forum, 28*(2), 169-174.

Levene, I., & Parker, M. (2011). Prevalence of depression in granted and refused requests for euthanasia and assisted suicide: A systematic review. *Journal of Medical Ethics, 37*(4), 205-211.

Pope, T. M., & Anderson, L. E. (2011). Voluntarily stopping eating and drinking: A legal treatment option at the end of life. *Widener Law Review, 17*, 363.

Stefan, S. (2016). *Rational suicide, irrational laws: Examining current approaches to suicide in policy and law*. New York, NY: Oxford University Press.

Werth, J. L., Jr., & Richmond, J. M. (2009). End-of-life decisions and the duty to protect. In J. L. Werth, Jr., E. R. Welfel, & G. A. H. Benjamin (Eds.)., *The duty to protect: Ethical, legal, and professional considerations for mental health professionals* (pp. 195-208). Washington, DC: American Psychological Association.

Wilson, K. G., Dalgleish, T. L., Chochinov, H. M., Chary, S., Gagnon, P. R., Macmillan, K., ... & Fainsinger, R. L. (2016). Mental disorders and the desire for death in patients receiving palliative care for cancer. *BMJ Supportive & Palliative Care, 6*(2), 170-177.

注　释

1. 在本技巧中，我使用"协助自杀"，而不是"有尊严的死亡"或"加速死亡"等术语，以区分加速死亡的不作为（如拒绝医疗）——不属于自杀，和来访者主动采取的结束生命的行动（如服用过量药物）——属于自杀。

技巧43: 寻求顾问咨询

> "在治疗师的职业生涯中，当处理高度自杀风险的来访者时，寻求同辈的顾问咨询比任何其他情况都更重要。"
>
> （Shneidman, 1996, p.424）

"永远不要一个人担心。"精神病学家古特海尔（Gutheil, 2014, p.380）这条精辟的建议强调了与有自杀倾向的来访者工作时，寻求另一位专业人士建议的重要性。征求他人的经验和智慧有助于确保你提供尽可能好的护理。同样，如果没有寻求顾问咨询，在来访者自杀和随后的诉讼中，你可能会收到不当行为的判决。寻求顾问咨询表明你在处理个体的自杀风险时，不是自满或无知的。

顾问咨询可以采取不同的形式。正式的顾问咨询需要为专业人士的时间和知识付费。在这种类型的顾问咨询中，专业人士可能拥有临床自杀学的专业知识，并且通常会根据你的咨询记录提供一份书面摘要。非正式的顾问咨询——例如与同事的聊天、每周的团队会议——也可以为你的概念化提供所需的新视角。在临床督导、同辈督导小组或案例分享中对某一特定来访者进行讨论也是如此。非正式顾问咨询的一个缺点是，一些专业人员可能不同意在你的文件中以顾问咨询师的身份出现，以免在治疗出现问题时承担责任。

当与顾问咨询师交谈时，不要透露可以识别出来访者的细节。在知情同意书中也最好声明，即你可能会与顾问咨询师讨论来访者的情况，而你会隐去来访者的身份信息。一定要记录你何时接受了顾问咨询以及讨论和决定的内容。

所有的话题都可以讨论。心理学家（Bongar & Sullivan, 2013）建议专业人员与顾问咨询师一起讨论的主题如下。

- **风险评估和安全计划**。顾问咨询师可以为来访者的自杀危险程度、精神病院的适应证和禁忌证以及安全计划的步骤提供新的想法。
- **治疗计划**。例如，是否忽略了可以帮助来访者的具体干预措施或技术？
- **来访者的特异性挑战**。如果来访者表现出长期的自杀倾向、对你有敌意、不愿意遵守治疗计划或存在其他复杂的动力，尤其建议寻求外部视角。
- **对来访者的情绪反应**。可能包括恐惧、无助、无能、焦虑、倦怠甚至是愤怒的感受（技巧4）。
- **风险管理议题**。知情同意书、保密协议等档案的保存等是咨询的常见议题。如果来访者同意，你可以请一位顾问咨询师审查文件，判断档案是否充分。

有时需要寻找律师，特别是涉及确保安全、非自愿住院时的保密例外时。许多医疗纠纷保险公司提供一些免费的顾问律师服务。

古特海尔（Gutheil, 2004）指出，档案和顾问咨询是"保护临床工作者的永恒支柱"（p.254）。诚然，档案（技巧34）和顾问咨询可以在发生医疗纠纷诉讼或被许可委员会投诉的时候帮助保护临床工作者。但更重要的是，顾问咨询可以加强你对有自杀倾向的人的护理，从而保护他们。

"继续这样做是违反伦理的"

虽然已经接受了4年的临床心理治疗，但希拉（Sheila）的病情仍在继续恶化。她多次试图自杀，需要反复住院，并且，精神障碍让她无法维持一份工作。她的心理治疗师乔布斯觉得自己已经无计可施了（Jobes, 2011）。他很关心她。他认为她自杀的可能性对他个人和作为自杀学家的专业价值都是毁灭性的。更糟的是，他感到被希拉不断的自杀表述和行为"勒索"。乔布斯博士向同事们寻求建议，其中一位顾问咨询师为他提供了特别宝贵的建议。这位咨询师告诉他："明知如此却继续这样做，是不专业的——如果没有某种重大的治疗变化，继续这样做是违反伦理的。"这个建议启发了乔布斯博士，使他克服了对希拉自杀的恐惧，并为帮助她康复而冒险。乔布斯博士写道："收获了他的支持和宝贵的反馈后，我开始了一个新的过程……有了新的临床决心和意志。"他设定了新的限制，并改变了希拉的治疗计划，将重点放在具体的行为目标上，而不是探索她创伤性的过去。不到1年，希拉的情况就有所改善。在随后的几年里，她回到了工作岗位，发展了一段亲密关系并进入婚姻，事业也蒸蒸日上。"最后，从我的角度来看，最关键的是，"在12年后——治疗结束很久之后——乔布斯博士写下了她的情况，"她对活着感到非常感激。"乔布斯博士接受的顾问咨询帮助了许多人：他，他当时的来访者以及未来的众多来访者。

参 考 文 献

Bongar, B., & Sullivan, G. (2013). *The suicidal patient: Clinical and legal standards of care*. Washington, DC: American Psychological Association.

Gutheil, T. G. (2004). Suicide, suicide litigation, and borderline personality disorder. *Journal of Personality Disorders, 18*(3), 248—256.

Gutheil, T. G. (2014). Boundary issues. In J. M. Oldham, A. E. Skodol, & D. S. Bender (Eds.), *The American Psychiatric Publishing textbook of personality disorders*(pp. 369–381). Arlington, VA: American Psychiatric Publishing.

Jobes, D. A. (2011). Suicidal blackmail: Ethical and risk management issues in contemporary clinical care. In W. B. Johnson, & G. P. Koocher (Eds.), *Ethical conundrums, quandaries, and predicaments in mental health practice: A casebook from the files of experts* (pp. 33-40). New York, NY: Oxford University Press.

Shneidman, E. S. (1996). Psychotherapy with suicidal patients. In J. T. Maltsberger & M. J. Goldblatt (Eds.), *Essential papers on suicide* (pp. 417-426). New York, NY: New York University Press.

第八章

治疗计划

技巧44: 将自杀作为焦点

"在治疗计划中,自杀行为应该是直接目标。仅治疗潜在的情况,如抑郁症,并假设自杀风险会随着情况的改善而降低,是不够的。"

(Oordt et al, 2005, p.215)

几十年来,治疗自杀的主流方法是不针对自杀。该主张的建议是——现在在很多地方还是——治疗引起自杀想法的精神疾病,如重度抑郁症。一旦这种疾病得到治疗,其引发的自杀想法就会消失(如Wasserman et al., 2012)。但相反,越来越多的研究和理论反映出,人们越来越意识到自杀本身必须是治疗的主要焦点。

一个研究小组回顾了直接针对自杀想法和行为的心理治疗研究,并将其与关注自杀风险的相关因素(如精神疾病症状和技能缺陷)来间接解决自杀的干预措施进行了比较(Meerwijk et al., 2016)。结果显示,在直接针对自杀倾向的治疗中,个人的自杀行为减少得更快。其他研究者研究了旨在治疗抑郁症的干预措施。尽管有自杀倾向的人的绝望感在治疗中有所下降,但自杀意念的降低幅度很小,没有统计学意义(Cuijpers et al., 2013)。

将自杀作为治疗的重点,意味着积极主动地让来访者参与关于自杀想法、生存和死亡理由、安全计划和自杀风险的持续讨论。这也意味着要具体讨论导致来访者想死的原因，努力解决这些问题，并帮助来访者挖掘有生命意义的目标、希望和计划。其他与自杀想法有关的情况当然也应该得到解决，如抑郁症和物质使用。但不应该假设治疗这些就能解决来访者的死亡意愿。

自杀"驱动因素"

自杀的合作评估和管理（CAMS）提供了一个有用的框架，以保持对自杀的关注（Jobes, 2016）。CAMS要求在每一节治疗中使用自杀状态问卷评估来访者的自杀风险（技巧21）。此外，该治疗要求针对直接和间接的自杀"驱动因素"工作。直接驱动因素是"自杀的特定想法、感受和行为"（Jobes et al., 2011, p.389）。间接驱动因素是社会心理压力因素（如物质使用或创伤），它使个体更容易出现自杀想法、感受和行为。

为了确定来访者的直接驱动因素，CAMS治疗师要求来访者识别最让自己想死的两个问题（Jobes, 2016）。CAMS并没有规定一套具体的、用来改善来访者的直接和间接自杀驱动因素的技术，因此该方法的开发者，心理学家乔布斯称之为"非流派的"。

乔布斯及同事（Jobes et al., 2011）指出，一些专业人士"对持续强调自杀感到不舒服"（p.387）。他的团队对此提出一个令人信服的反驳。"我们提醒他们，如果来访者还活着，他们的其他问题会得到更好的解决。"

参 考 文 献

Cuijpers, P., de Beurs, D. P., van Spijker, B. A., Berking, M., Andersson, G., & Kerkhof, A. J. (2013). The effects of psychotherapy for adult depression on suicidality and hopelessness: A systematic review and meta-analysis. *Journal of Affective Disorders, 144*(3), 183–190.

Jobes, D. A. (2016). *Managing suicidal risk: A collaborative approach* (2nd ed.). New York, NY: Guilford Press.

Jobes, D. A., Comtois, K. A., Brenner, L. A., & Gutierrez, P. M. (2011). Clinical trial feasibility studies of the Collaborative Assessment and Management of Suicidality. In R. C. O'Connor, S. Platt, & J. Gordon (Eds.) *International handbook of suicide prevention: Research, policy and practice* (pp. 383–400). Hoboken, NJ: John Wiley.

Meerwijk, E. L., Parekh, A., Oquendo, M. A., Allen, I. E., Franck, L. S., & Lee, K. A. (2016). Direct versus indirect psychosocial and behavioural interventions to prevent suicide and suicide attempts: A systematic review and meta-analysis. *The Lancet Psychiatry, 3*(6), 544–554.

Oordt, M. S., Jobes, D. A., Rudd, M. D., Fonseca, V. P., Runyan, C. N., Stea, J. B., ... & Talcott, G. W. (2005). Development of a clinical guide to enhance care for suicidal patients. *Professional Psychology: Research and Practice, 36*(2), 208–218.

Wasserman, D., Rihmer, Z., Rujescu, D., Sarchiapone, M., Sokolowski, M., Titelman, D., ... & Carli, V. (2012). The European Psychiatric Association (EPA) guidance on suicide treatment and prevention. *European Psychiatry, 27*(2), 129–141.

技巧45: 根据需要，增加联系频率

> "如果治疗师觉得提供电话联系是一种强迫，那么他们就踏入了错误的领域，或者他们治疗了错误的来访者。他们应该只去治疗健康的人。"
>
> 布鲁斯·丹托（Bruce Danto）
>
> （引自 Colt, 1991, p.320）

每周1次的心理治疗，在每周的168小时中只提供50~60分钟的支持。但在自杀危机中，来访者需要的往往不止这些。在注意界限的同时（技巧5），专业人员可以在治疗之间通过电话、短信或电子邮件进行简短的检查，提供技能辅导电话，提供危机电话以及安排更频繁的治疗。增加联系可以帮助门诊来访者保持安全。

在辩证行为治疗（DBT）中，治疗师会在治疗之间定期提供电话辅导或其他支持（Linehan, 1993）。DBT遵循"24小时原则"。来访者在治疗开始时会被告知，即便他们已经伤害了自己，也不要在24小时内给治疗师打电话——除非有生命危险。这有两个作用。第一，它鼓励人们在针对自伤冲动采取行动之前主动寻求帮助。第二，它避免了传递出这样的信息：只有在自伤的情况下，治疗师才会关心并花足够的时间与来访者在一起，而这可能会强化来访者的自伤行为。

许多专业人员担心，治疗之间的联系会引发过多的电话、依赖和对治疗师时间的侵扰等问题。然而，研究表明，在治疗之间为来访者提供服务的治疗师，比那些指导来访者不要与他们联系的治疗师接到的电话更少（Reitzel et al., 2004）。可能仅仅是知道可以在需要时给治疗师打电话，就有助于安抚个体，使他们能够自己应对。

关于如何安排与有自杀倾向的人在治疗之间的联系，可以考虑以下建议，这些建议来自心理学家乔伊纳及其同事（Joiner et al., 2009）和莱恩汉

(Linehan, 1993）的著作。

- 根据需要增加治疗频率，尤其是自杀风险上升到需要住院治疗的水平时。
- 如果来访者处于中度或高度的自杀风险水平，那么在治疗之间安排电话检查。这些电话应该是目标导向的，并且保持简短（一般为5~10分钟，不超过15~20分钟）。一个常见的结构是：评估来访者当前和近期的自杀意念、计划、意图和行为；表达共情和关切；讨论来访者接下来将如何应对。
- 如果有需要，请来访者在治疗之间给你打电话，但注意不要把自己描述成"随时在线"的。虽然这显而易见，但还是要让对方知道，你可能在会谈中，或由于其他原因无法接通电话，同时，你会尽快回电话。
- 根据你对电子通信的态度，鼓励对方在危机期间发送短信或电子邮件与你联系或进行确认。
- 如果对方急需帮助，而你又不在，请指导他们拨打危机热线或紧急服务热线，或去最近的急诊室。

治疗之间的联系可以帮助保证来访者的安全，也可以起到治疗作用。电话和其他联系可以帮助来访者体验到归属感，这对有自杀倾向的人通常会经历的"归属感受挫"是一种重要的救赎（Joiner et al., 2009）。治疗之间的接触也是一个机会，可以支持来访者的自主性、提供技能辅导并表达共情和支持。

如果与来访者的额外接触破坏了边界，并助长了你拯救自杀者的愿望（技巧5），就可能产生负面影响。还要注意，一些有慢性自杀倾向的人可能会因为过多的额外接触而变得更加无助和依赖（技巧46）。为了更好地保护边界，培养自杀者的复原力，你需要把重点放在他们可以练习的技能上，以便让他们更好地应对（而不是你可以做什么来帮助他们感觉更好），如果对方过于依赖你，而没有发展自己的技能、支持网络和资源，那么就在治疗中提出这个问题。

> ## "仅仅是知道你在那里，就有很大的帮助"
>
> 19岁的凯拉（Kayla）坚定地表示她不想自杀，但她每天都会不由自主地想用刀刺自己或上吊。这些想法让她感到害怕。虽然她的情况不符合住院治疗的标准，但她需要接受每周1次以上的治疗。她和咨询师合作制订了一个计划：在2天内接受电话检查，再过2天后回来接受治疗。凯拉签署了一份知情同意书，如果下午2点没有打电话给咨询师，就允许咨询师打电话给她的紧急联系人（她的母亲）。如果凯拉不同意咨询师联系她的母亲或其他她认识的人，那么计划可以改为咨询师报警并要求进行福利检查。在电话检查中，咨询师询问凯拉感受如何，进行了快速的自杀风险评估并回顾了凯拉使用安全计划的情况。在几天后的下一次治疗中，他评估了凯拉的风险是否增加到需要强化护理的水平。她仍然处于中等风险水平，仍然有自杀的侵入性想法，仍然遵循安全计划，并且仍然感到害怕。因此他们重复了前一周的计划。在接下来的几个月里，凯拉更频繁地来参加治疗，在治疗之间安排电话，并给咨询师发短信。这种联系每周不超过一两次，而且当咨询师提出要结束通话时，她也没有反对。最后，随着凯拉解决了个人问题，新技能得到了巩固，她的自杀想法逐渐消退。凯拉告诉咨询师，"仅仅是知道你在那里，就有很大的帮助。"

参 考 文 献

Colt, G. H. (1991). *The enigma of suicide*. New York, NY: Touchstone/Simon & Schuster.

Joiner, T. E. Jr., Van Orden, K. A., Witte, T. K., & Rudd, M. D. (2009). *The interpersonal theory of suicide: Guidance for working with suicidal clients*. Washington, DC: American Psychological Association.

Linehan, M. M. (1993). *Cognitive-behavioral treatment of borderline personality disorder*. New York, NY: Guilford Press.

Reitzel, L. R., Burns, A. B., Repper, K. K., Wingate, L. R., & Joiner, T. E., Jr. (2004). The effect of therapist availability on the frequency of patient-initiated between-session contact. *Professional Psychology: Research and Practice, 35*(3), 291–206.

技巧46：用不同的方式对待慢性自杀

"对于慢性自杀的来访者，一般推荐用于治疗自杀者的方法是无效的，而且会产生反作用。"

（Paris, 2007, p.xiv）

对一些人来说，自杀想法不是紧急情况，而是一种"生活方式"（Schwartz et al., 1974）。慢性自杀者已经有自杀想法多年。他们可能已经做过多次尝试，甚至多到记不得有多少次。这种慢性自杀与急性自杀有显著不同。当一个人出现急性自杀危机时，治疗目标是让这个人安全地恢复到基线状态或更好的状态。但当一个人有长期的自杀想法时，自杀才是基线。

持续的自杀想法和行为在边缘型人格障碍来访者中特别常见。该诊断是唯一一个将反复自杀作为症状的诊断（American Psychiatric Association, 2013）。慢性自杀意念也可能与抑郁症、双相情感障碍、创伤后应激障碍和其他精神问题同时发生。

一些临床工作者将慢性自杀行为视为"寻求关注"和"操纵"，而不是真正的危险，特别是当来访者多次试图自杀时。这些贬义的标签可能会掩盖真正的风险。多次自杀未遂并不是一种良性状态，反而增加了最终自杀死亡的风险（Zahl & Hawton, 2004）。在接受治疗的边缘型人格障碍患者中，有8%~10%死于自杀，是自杀率最高的诊断之一（Paris & Zweig-Frank, 2001; Pompili et al., 2005）。相比之下，约2%的抑郁症来访者死于自杀（Bostwick & Pankratz, 2000）。

急性自杀和慢性自杀不仅在形式上有区别，在治疗上也有区别。对于处于急性自杀危机中的人，临床工作者常常被要求采取控制措施，以保护来访者并挽救他们的生命（如Shneidman, 1996）。但对于慢性自杀者，治疗师往往需要放弃控制权并承担更多的风险，以防止退行、依赖和对自杀行为的强化（Paris, 2007）。通常推荐给急性自杀者的治疗方法，反而会强化（慢性自杀者）将自杀意念和沟通作为应对方式的行为。例如，当一个人的自杀风险升高时，技巧45提到增加治疗之间的联系频率。有精神病学家（Paris, 2007）指出，这种方法对有慢性自杀想法的人来说可能会产生相反的效果。"与来访者的会面越频繁，他们的自杀行为就越多，因为它们成了获得照护和联结的门票"（p.153）。

精神病学家古特海尔（见Koekkoek et al., 2008）把急性和慢性自杀行为分别比作绝望危机和责任危机。急性自杀是一种有时间限制的危机，就像肺炎；慢性自杀是持久性的，就像糖尿病。因此，有慢性自杀倾向的人需要承担管理自己挑战的责任。古特海尔这样描述：

> 来访者必须在生命全程承担管理疾病的最终责任。就像不负责任地管理糖尿病一样，不负责任地管理慢性自杀可能会有致命的结果。然而，无论是"接管"来访者的生活还是试图"拯救"，都不可能成功。
>
> （Gutheil, in Koekkoek et al., 2008, p.203）

DBT提供了重要的策略，帮助有慢性自杀倾向的人学习如何管理情绪、找到生活目标并减少自伤行为（技巧73）。作为一种循证疗法，DBT是专门为边缘型人格障碍患者和慢性自杀者开发的，虽然研究也支持其在更广泛的问题中的应用（Linehan, 1993）。将DBT纳入对所有慢性自杀者的治疗是明智的，无论是专门练习DBT，还是有选择地整合它的技术，或者将来访者推荐给DBT技能培训的辅助机构。

"维持生命"还是"拥有生活"

29岁的贾斯廷（Justin）在过去5年中曾多次尝试自杀。每一次，他都被送进精神病院，那里的治疗重点是维持他的生命。工作人员的护理和对日常负担的逃避给了贾斯廷一种急需的解脱感。但他的情况并没有得到改善。尽管他在医院时似乎感觉好了一些，但回到家后，他的病情很快恶化了。他的治疗师是一名临床社工,她注意到了这个依赖和无助的循环。她决定通过探索贾斯廷自杀行为的问题解决性质(技巧60)、培养解决问题的技能(技巧61—62)和痛苦耐受度(技巧73)、关注使生活更有意义的目标和计划(技巧63)以及仅在极端危险的情况下建议住院治疗(技巧35)来应对他的情况。这种方法意味着对贾斯廷的生活承担较少的责任,以便他自己承担更多。治疗师记录了她的理由,指出当贾斯廷的慢性自杀一直被当作急性紧急情况处理时,他的自杀风险似乎只会增加。随着时间的推移,贾斯廷获得了实用的应对技巧并克服了对住院治疗的依赖,他仍然偶尔产生自杀想法,但不再觉得必须采取行动。"以前我只是勉强维持生命,"他说,"现在我拥有了生活。"

参 考 文 献

American Psychiatric Association. (2013). *Diagnostic and statistical manual of mental disorders (DSM-5)*. Washington, DC: American Psychiatric Publishing.

Bostwick, J. M., & Pankratz, V. S. (2000). Affective disorders and suicide risk: A reexamination. *American Journal of Psychiatry, 157*(12), 1925–1932.

Koekkoek, B., Gunderson, J. G., Kaasenbrood, A., & Gutheil, T. G. (2008). Chronic suicidality in a physician: An alliance yet to become therapeutic. *Harvard Review of Psychiatry, 16*(3), 195–204.

Linehan, M. M. (1993). *Cognitive-behavioral treatment of borderline personality disorder*. New York, NY: Guilford Press.

Paris, J. (2007). *Half in love with death: Managing the chronically suicidal patient*. New York, NY: Routledge.

Paris, J., & Zweig-Frank, H. (2001). A 27-year follow-up of patients with borderline personality disorder. *Comprehensive Psychiatry, 42*(6), 482–487.

Pompili, M., Girardi, P., Ruberto, A., & Tatarelli, R. (2005). Suicide in borderline personality disorder: A meta-analysis. *Nordic Journal of Psychiatry, 59*(5), 319–324.

Schwartz, D. A., Flinn, D. E., & Slawson, P. F. (1974). Treatment of the suicidal character. *American Journal of Psychotherapy, 28*(2), 194–207.

Shneidman, E. S. (1996). Psychotherapy with suicidal patients. In J. T. Maltsberger & M. J. Goldblatt (Eds.), *Essential papers on suicide* (pp. 417–426). New York, NY: New York University Press.

Zahl, D. L., & Hawton, K. (2004). Repetition of deliberate self-harm and subsequent suicide risk: Long-term follow-up study of 11,583 patients. *The British Journal of Psychiatry, 185*(1), 70–75.

技巧47: 让所爱之人参与进来

"在高风险时期将家庭成员纳入常规治疗过程，利用这个机会寻找并组织来访者的社会支持系统。"

（Rudd et al., 2001, p.105）

家庭成员和其他重要他人可以提供信息，帮助你评估有自杀倾向的人的风险（技巧26）。如果可能，他们的参与不应该只停留在评估阶段。在个体的治疗全程中，家人和其他所爱之人可以提供有关这个人的自杀陈述和行动的宝贵信息，提醒你这个人情绪和功能的变化，帮助这个人遵守安全计划，并在整体上帮助这个人使用其他技能和策略来解决问题，而不是自我伤害。这样做还有一个好处，那就是扩大了有自杀倾向的人的关怀圈，从而可能增加他们的联结感和归属感。让支持系统不同程度地参与治疗，从通过偶尔的电话交谈了解进展和问题，到让重要他人与自杀者一起进入治疗会谈。

这里需要遵循保密原则——你要得到来访者的许可，才能让他人参与治疗（技巧26）。有些来访者可能会选择保护自己的隐私。在其他一些情况下，让家人或其他所爱之人参与治疗可能会带来伤害。最值得注意的是，来访者与亲人的关系可能是虐待性的或有害的。可悲的是，一些家庭成员鼓励来访者按自杀想法行动，为来访者接受治疗而感到羞耻，甚至在情感上或身体上虐待他们。在极端情况下，一些家庭成员向有自杀倾向的人提供枪支或其他自杀手段。在让家人参与之前，要评估他们是"治疗过程的阻碍者还是帮助者"（Shneidman, 1993, p.146）。

即使家人或其他人参与了治疗，也不要过分依赖他们。绝不能指望家人能阻止一个有自杀风险的人实施自杀行为。朋友或家人不可能24小时不间断地监视一个有自杀倾向的人。如果有自杀倾向的人非常危险，期望家人始终不离开自己，那么通常需要住院治疗（技巧35）。

"我不想给他造成负担"

莉迪娅（Lydia）的丈夫迪米特留斯（Demetrius）什么都不知道。他甚至不知道48岁的莉迪娅患有抑郁症，更不知道她想自杀。莉迪娅告诉她的治疗师，她是一个"隐藏高手"。她微笑。她大笑。她开玩笑。她只在没人能看到的地方哭。

莉迪娅的心理治疗师问她，为什么不告诉丈夫。"我不想给他造成负担，"莉迪娅说，"他要担心的事情已经够多了。"当被问到让迪米特留斯了解她的抑郁症和自杀想法会有什么帮助时，莉迪娅什么都想不出。

治疗师并没有强迫她。这只是他们的第一次治疗。"我希望你能考虑一下，"他告诉她，"你不必独自承受这些。"

几周后，莉迪娅来到了治疗室，感觉比以前更糟糕。她的自杀想法恶化了。现在她有了自杀的方法，也想好了手段。她坚持说她并不打算对自杀想法采取行动，但治疗师感到不安。

他说："我真的认为，让迪米特留斯参与，是可以帮助你的。"

这一次，莉迪娅没有抗议。她给迪米特留斯打电话，开了免提，然后含着泪讲述了打电话的原因。迪米特留斯向莉迪娅表达了难过——她受到了如此严重的伤害，他却不知道。治疗师告诉迪米特留斯，如果观察到莉迪娅有任何值得关注的地方，就告诉他。莉迪娅和迪米特留斯决定，让迪米特留斯参加下一次治疗比较好。

电话结束后，莉迪娅告诉她的心理治疗师，"我想让他知道是件好事。一直躲躲藏藏要花很多精力。"

参 考 文 献

Rudd, M. D., Joiner, T., & Rajab, M. H. (2001). *Treating suicidal behavior: An effective, time-limited approach*. New York, NY: Guilford Press.

Shneidman, E. S. (1993). *Suicide as psychache: A clinical approach to self-destructive behavior*. Lanham, MD: Rowman & Littlefield Publishers.

技巧48: 建议进行身体检查

"身体疾病可能首先表现为情绪、思维过程或行为的紊乱。"

（Krummel & Kathol, 1987, p.275）

心灵与身体的联系非常紧密，身体健康和心理健康的差异本质上是来自人为的划分。心理健康的器官是大脑——身体健康的一个方面。也就是说，除了精神疾病之外，身体健康的一些方面也会引发、促成或加剧自杀想法。这就需要建议有自杀倾向的人去做身体检查——如果他们没有做过。

一些身体情况会引发精神症状，从而导致自杀意念和行为，或其他相关情况。例如，抑郁和随之而来的自杀意念可能来自甲状腺功能减退、甲状腺功能亢进症、库欣病和其他内分泌疾病（Lauriat & Samson, 2017）。维生素D的缺乏也似乎与自杀风险的增加有关（Umhau et al., 2013）。越来越多的研究还发现了炎症过程与自杀的关联（Brundin et al., 2017）。其他身体状况，如偏头痛、纤维肌痛和关节炎，可能导致慢性疼痛，引发自杀意念（Ratcliffe et al., 2008）。更好地管理这些疾病可能会降低自杀风险。

药物也会影响自杀想法。众所周知，在服用抗抑郁药的人群中，有很小一部分会被药物引发自杀想法和行为（Pompili et al., 2016）。鲜为人知的是，除了精神疾病药物之外，一些治疗身体疾病的药物也被提及。虽然研究结果尚不明确，但自杀想法和行为的增加与治疗哮喘、癫痫和痤疮的药物有关（Gorton et al., 2016）。鼓励有自杀倾向的人与处方医生讨论他们使用的药物是否可能导致心理副作用，包括自杀想法。

血液检查和一个启示

33岁的吉恩（Jing）衣着整齐地坐在厕所隔间的马桶上哭泣，希望没有其他人进入女厕所。几个星期以来的早晨，她都在哭泣。她感到沮丧和空虚，但无法把她的悲伤情绪与生活中的任何变化联系起来。现在，她发现她希望自己死掉，甚至在想实施的方法。这让她感到震惊，因此她向公司员工援助计划的临床社工寻求帮助。根据吉恩报告的症状，如情绪低落、有自杀意念、注意力不集中、昏昏欲睡和失眠，社工诊断她有抑郁症。他判断吉恩可以安全地接受门诊治疗，开具了一个疗程的认知行为治疗，并建议吉恩去见医生，确保她的抑郁症没有身体原因。医生让她去做血液检查，结果显示吉恩有甲状腺功能减退。为了治疗，吉恩开始服用左旋甲状腺素——一种合成甲状腺激素。几周后，她发现自己不再哭着冲向卫生间，或者想要自杀。随着甲状腺功能水平的改善，她的情绪也有所好转。

参 考 文 献

Brundin, L., Bryleva, E. Y., & Rajamani, K. T. (2017). Role of inflammation in suicide: From mechanisms to treatment. *Neuropsychopharmacology, 42*(1), 271-283.

Gorton, H. C., Webb, R. T., Kapur, N., & Ashcroft, D. M. (2016). Non-psychotropic medication and risk of suicide or attempted suicide: A systematic review. *BMJ Open, 6*(1), e009074.

Krummel, S., & Kathol, R. G. (1987). What you should know about physical evaluations in psychiatric patients: Results of a survey. *General Hospital Psychiatry, 9*(4), 275-279.

Lauriat, T. L., & Samson, J. A. (2017). Endocrine disorders associated with psychological/behavioral problems. In P. M. Kleespies (Ed.), *The Oxford handbook of behavioral emergencies and crises* (pp. 426-448). New York, NY: Oxford University Press.

Pompili, M., Giordano, G., & Lamis, D. A. (2016). Antidepressants and suicide risk: A challenge. In P. Courtet (Ed.), *Understanding suicide: From diagnosis to personalized treatment* (pp. 291–302). Cham: Springer.

Ratcliffe, G. E., Enns, M. W., Belik, S. L., & Sareen, J. (2008). Chronic pain conditions and suicidal ideation and suicide attempts: An epidemiologic perspective. *Clinical Journal of Pain, 24*(3), 204–210.

Umhau, J. C., George, D. T., Heaney, R. P., Lewis, M. D., Ursano, R. J., Heilig, M., ... & Schwandt, M. L. (2013). Low vitamin D status and suicide: A case-control study of active duty military service members. *PLoS One, 8*(1), e51543.

技巧49: 建议评估药物治疗

"治疗心理痛苦、焦虑和混乱、惊恐发作、躁动、冲动、攻击性和绝望感等症状的药物,对管理有自杀倾向的患者非常有帮助。"

(Kim et al., 2012, p.212)

有数十种药物是为了改善与自杀想法有关的心理健康状况而得到开发的。潜在的风险和益处很复杂。至少有一种药物——锂,似乎可以直接减少自杀想法,即使没有改善相关的情况,如心境障碍(Bauer & Gitlin, 2016)。但更复杂的是,研究表明,一些精神药物(如抗抑郁药)会减少部分人的自杀想法,却在其他极少数人中引发新的自杀想法(Pompili et al., 2016)。另一个复杂的问题是,过量服用一些精神药物(如锂和三环类抗抑郁药)会导致死亡。尽管有这些风险,尽管精神药物的使用存在争议,但通常还是建议有自杀倾向的人接受药物治疗(Kim et al., 2012)。

如果你不建议有自杀倾向的人接受检查以排除精神症状和自杀想法的生理原因,那么这对他们其实是一种伤害(技巧48)。类似的,你也有责任告知他们所有的治疗选项,包括药物治疗。即使没有处方权,你仍然可以讨论由精神科医生、初级保健医生或其他拥有处方权的人评估用药的潜在获益。

"我不想只是吃药"

44岁的蒂里克(Tirique)有典型的抑郁症状。他吃得更少、睡得更多,行动和思维变得更慢,不再能从曾经喜欢的事情中获得快乐。他还有空虚和内疚的感受,更不用说自杀想法。他的治疗师,一位有执照的专业咨询师,与他分享了抑郁症的诊断,并探索他的反应。他表示同意。

"你知道,蒂里克,通常当人们有重度抑郁症时,抗抑郁药会让他们受益,"咨询师说,"可能会有负面的副作用,但一般的共识是,抗抑郁药的帮助多于伤害。"

"我不想只是吃药，"蒂里克说，"这就是为什么我来找你，而不是精神科医生。"

"听起来你已经考虑过这个问题了，"她说，"这当然是你的选择。只是，如果我不把药物治疗作为一种选择告知你，那就是我的失职。关于药物治疗，有研究表明，单独的抗抑郁药和单独的心理治疗都可以减少抑郁。但研究也告诉我们，二者一起使用可以减少更多的抑郁。"

"好吧，我想先试一下心理治疗，"蒂里克说，"然后，也许，我们可以看看我是否也需要吃药。"

"这听起来是个好计划，"她说，"我明白，对你来说，试着不吃药就能好起来是很重要的。让我们讨论一下，为了更好地实现这个目标，我们可以做哪些不同的事情……"

参 考 文 献

Bauer, M., & Gitlin, M. (2016). Suicide prevention with lithium. *In The essential guide to lithium treatment* (pp. 81–89). Cham: Springer.

Kim, H. F., Chen, F., & Yudofsky, S. C. (2012). Psychopharmacotherapy and electroconvulsive therapy. In R. I. Simon & R. E. Hales (Eds.), *The American Psychiatric Publishing textbook of suicide assessment and management* (2nd ed., pp. 211–232). Arlington, VA: American Psychiatric Publishing.

Pompili, M., Giordano, G., & Lamis, D. A. (2016). Antidepressants and suicide risk: A challenge. In P. Courtet (Ed.), *Understanding suicide: From diagnosis to personalized treatment* (pp. 291–302). Cham: Springer.

技巧50: 持续监测自杀意念

"因为自我伤害的风险会随着时间推移而波动，所以临床工作者必须在一段时间内反复评估风险。"

(Peterson et al., 2011, p.627)

自杀想法起起伏伏。它们是流动的、动态的、不可预测的。在整个治疗过程中，需要始终对这些变化保持警惕。持续监测自杀风险的不同方式包括迷你评估、标准化问卷和日记卡。

迷你评估

每次治疗都对自杀想法和行为进行评估是很有必要的，并且至少持续到自杀危机解除。评估不一定都是正式或漫长的过程。可能的问题如下。

- "和我谈谈你这周的自杀想法。"
- "我们上次见面之后，你对自杀有什么想法？"
- "从1到10评分，你的自杀想法有多强烈？"
- "你想到了哪些自杀方法？"
- "如果有，你做了什么来实现自杀想法？或为自杀做了什么准备？"
- "你在多大程度上打算对自杀想法采取行动？……什么时候？"
- "是什么阻止了你尝试自杀？"

当自杀想法持续存在时，要确认这个人对自杀方法的选择和获得工具的途径是否有所改变。

自杀相关问卷

技巧21描述了几种用于评估自杀想法的问卷：自杀状态问卷、哥伦比亚自杀严重程度评定量表和贝克自杀意念量表。贝克量表可以重复使用；哥伦比亚量表和自杀状态问卷有简化版本，专门用于追踪不同时段的自杀风险。

日 记 卡

日记卡在辩证行为治疗中被广泛应用，它为有自杀倾向的人提供了一种快速简便的方法，让他们能够定期记录自杀想法的程度和相关问题，如绝望感。有自杀倾向的人需要每天勾选他们是否有自杀想法，或提供一个数字等级。日记卡可以反映来访者在治疗之间的自杀想法和相关情绪的强度。在此基础上，与来访者探讨自杀想法的具体性质和内容是很重要的。日记卡为这些提供了一个简单的起点。

示例：日记卡

在0到10的等级上，评估下列各个条目符合你情况的程度，0代表"完全没有"，10代表"完全同意"。请在每天晚上趁你对这一天的记忆还清晰的时候填写。

	周一	周二	周三	周四	周五	周六	周日
想自杀	6	5	3	3	1	1	6
感到……抑郁	10	9	7	6	4	3	10
焦虑	5	4	3	4	3	4	9
有希望	0	1	1	3	4	4	0
开心	0	0	1	2	4	4	0

现在，请对你当天有过的行为进行标记。

	周一	周二	周三	周四	周五	周六	周日
思考过如何自杀	×	×	×				×
为自杀做准备	×						×
尝试自杀							
伤害自己（不是尝试自杀）							×

例子中的日记卡只关注了自杀想法和相关情绪。在《DBT情绪调节手册：标准技能训练手册》*（*DBT Skills Training Manual*; Linehan, 2015）中，有更全面的日记卡。此外，互联网上有许多免费的日记卡模板，从非常复杂到非常简单的，只需以"日记卡"为关键词进行搜索。一些为儿童设计的日记卡会包含表情符号或图形。此外，还可以找到相关的应用程序。

询问自杀想法：多少才算太多？

一些临床工作者担心，反复评估自杀风险会加剧一个人的自杀想法。一项研究调查了这种可能性（Law et al., 2015）。借助一个类似于智能手机的手持电子设备，近130名成年被试每天回答5次问题——上午10点到晚上10点，每3小时1次——关于他们在过去1小时内是否考虑或实际尝试过自杀。和对照组的被试一样，他们还回答了关于积极和消极的心理体验的问题（如，羞愧、烦躁、快乐、冲动行为）。在为期2周的调查结束时以及持续6个月的每月随访中，研究人员将"密集自杀评估"组与没有回答自杀问题的对照组进行了比较。两组被试的自杀想法和自杀尝试的概率相同，这意味着密集询问自杀想法和行为并没有导致更多的自杀想法或行为。

这项研究中的情况相当极端。除了住院环境，很少有临床工作者需要每天5次询问来访者的自杀想法和行为。尽管如此，令人欣慰的是，多次评估自杀似乎并不会加剧来访者的死亡愿望。

---

* 本书的简体中文版由北京联合出版有限公司于2022年出版。——译者注

参 考 文 献

Law, M. K., Furr, R. M., Arnold, E. M., Mneimne, M., Jaquett, C., & Fleeson, W. (2015). Does assessing suicidality frequently and repeatedly cause harm? A randomized control study. *Psychological Assessment, 27*(4), 1171–1181.

Linehan, M. M. (2015). *DBT skills training manual* (2nd ed.). New York, NY: Guilford Press.

Peterson, J., Skeem, J., & Manchak, S. (2011). If you want to know, consider asking: How likely is it that patients will hurt themselves in the future? *Psychological Assessment, 23*(3), 626–634.

第九章

减轻心理痛苦

技巧51：安全之后，解除痛苦

"降低痛苦的水平，人就会选择活下去。"

（Pompili, 2015, p.227）

痛苦、不幸、绝望、精神创伤、心理折磨——这些是人们用来形容引发自杀愿望的心理痛苦的几个词语。这种痛苦对有自杀倾向的人来说是无法忍受的，他们迫切地寻求逃脱（Hendin et al., 2004）。心理学家什内德曼（Shneidman, 1993）认为，这种心理痛苦比任何其他自杀风险因素都更强烈。充分关注有自杀倾向的人的心理痛苦似乎是一种常识。但相反，专业人员往往羞于探索痛苦，而是过早地诉诸安抚、建议、问题解决和理智化（Neimeyer & Pfeiffer, 1994）。

很多人天生就害怕情绪蔓延。在现实中，亲自体验自杀倾向者的痛苦和无望确实是一种伤害。但专业人员的工作就是管理这些代入性的痛苦体验，而不是避免它们。这需要请有自杀倾向的人表达他们的痛苦，并用肯定和共情的态度来回应。以下是一些有用的问题。

- "你在情绪上受到的伤害有多严重？"
- "你会怎么描述你的心理痛苦？"
- "最令你受伤的是什么？"

- "是什么感受?"

检查让对方心理痛苦的基础。在一项针对自杀死亡者的研究中,最突出的情感状态是自我憎恨、绝望、愤怒、孤独、内疚和羞辱的感受(Hendin et al., 2004)。创伤的潜在作用及其伴随的恐慌和痛苦感受也不能被忽视(Maltsberger et al., 2011)。无论心理痛苦是什么形式,它往往伴随着被禁锢、被遗弃、情绪淹没、失去控制的感觉,以及认为痛苦不可逆转的信念(Orbach, 2001)。

在促进和理解了来访者对痛苦的表达后,要从探索痛苦转向努力减轻痛苦。有心理学家主张帮助来访者解决"极度痛苦"(Orbach, 2011, p.125)。对于经历过创伤的人来说,这可能涉及正式的创伤干预,如延长暴露(Foa et al., 2007)或认知加工治疗(Resick et al., 2016)。总的来说,可以通过帮助来访者辨别、接纳、用语言表达和充分体验各种情绪,来帮助他们穿越痛苦(Greenberg, 2015)。

这本书中的许多技术也涉及减轻来访者痛苦的其他方式。包括帮助来访者增加社会联结和价值感(技巧53)、学习着陆技术(技巧54)、解决造成痛苦的问题(技巧60—62)、重新发现希望(技巧63—65)、挑战或解除破坏性的思维过程(技巧66—72)、增强应对技巧(技巧73)、培养正念的习惯(技巧74)、激发积极情绪(技巧75)以及重新与有意义的活动联结(技巧76)。还有一种方法是识别并帮助补偿来访者未被满足的需求,这也是下一个技巧的主题。

与欧内斯特·海明威的对话

在开枪自杀的前几天,小说家欧内斯特·海明威(Ernest Hemingway)和作家A. E. 霍奇纳(A. E. Hotchner)进行了最后的对话。在62岁的海明威因抑郁症住院期间,霍奇纳拜访了这位朋友。在那段时间里,海明威让霍奇纳了解了他的心理痛苦(Hotchner, 2005, pp.297-300)。但倾听这些对霍奇纳来说很难。因此,当海明威绝望地认为自己无法再写作时,霍奇纳给予了安慰。他对海明威强调，他是个好作家。当海明威说，如果他不能按自己的意愿生活（并且他坚信自己不能），那么"活着是不可能的"，霍奇纳提供了建议：暂时把写作放在一边，抽出时间去旅行，甚至完全退休。他继续告诉海明威："你应该努力工作，思考你关心和喜欢做的事情，而不全是那些消极的事情。"

在研究这段对话后，精神病学家雅各布斯得出结论："霍奇纳极力想提供帮助，但很难倾听海明威"（Jacobs, 1989, p.332）。他继续指出，霍奇纳的回答向海明威传递了这样的信息："我听不见，我不想听，我不能接受你这样伟大的人如此悲惨"（p.333）。

海明威的朋友不是心理健康专业人员。不能期待他准确使用共情、反映性倾听和认可等基础咨询技能（如Corey, 2015）。但是，许多受过训练的专业人士也很难倾听强烈的情感痛苦。他们怀着好的愿望，提供安抚、建议和鼓励，而不是首先尝试理解和共情。"我听到你有多么伤心，"一位治疗师可能对海明威说，"你觉得完全没有希望，对吗？"

倾听一个人的痛苦，而不立即试图减少它，这种困难是很常见的。它反映了一种想把对方从黑暗的深渊中拉出来的同情，以及一种不想让自己也掉进深渊的自我保护。这种抵抗会在痛苦的人身上产生痛苦的孤独感、疏远感和绝望感。作为心理健康专业人员，我们的工作就是要做困难的事情——与处于黑暗中的人并肩作战，帮助他走出来。

参 考 文 献

Corey, G. (2015). *Theory and practice of counseling and psychotherapy* (10th ed.). Boston, MA: Cengage Learning.

Foa, E. B., Hembree, E. A., & Rothbaum, B. O. (2007). *Prolonged exposure therapy for adolescents with PTSD: Emotional processing of traumatic experiences-therapist guide*. New York, NY: Oxford University Press.

Greenberg, L. S. (2015). *Emotion-focused therapy: Coaching clients to work through their feelings.* Washington, DC: American Psychological Association.

Hendin, H., Maltsberger, J. T., Haas, A. P., Szanto, K., & Rabinowicz, H. (2004). Desperation and other affective states in suicidal patients. *Suicide and Life-Threatening Behavior, 34*(4), 386–394.

Hotchner, A. E. (2005). *Papa Hemingway: A personal memoir.* Boston, MA: De Capo Press.

Jacobs, D. (1989). Psychotherapy with suicidal patients: The empathic method. In D. Jacobs & H. N. Brown (Eds.), *Suicide: Understanding and responding* (pp. 329–342). Madison, CT: International Universities Press.

Maltsberger, J. T., Goldblatt, M. J., Ronningstam, E., Weinberg, I., & Schechter, M. (2011). Traumatic subjective experiences invite suicide. The *Journal of the American Academy of Psychoanalysis and Dynamic Psychiatry, 39*(4), 671–693.

Neimeyer, R. A., & Pfeiffer, A. M. (1994). The ten most common errors of suicide interventionists. In A. A. Leenaars, J. T. Maltsberg, & R. A. Neimeyer (Eds.), *Treatment of suicidal people* (pp. 207–224). New York, NY: Routledge.

Orbach, I. (2001). Therapeutic empathy with the suicidal wish: Principles of therapy with suicidal individuals. *American Journal of Psychotherapy, 55*(2), 166–184.

Orbach, I. (2011). Taking an inside view: Stories of pain. In K. Michel & D. A. Jobes (Eds.), *Building a therapeutic alliance with the suicidal patient* (pp. 111–128). Washington, DC: American Psychological Association.

Pompili, M. (2015). Our empathic brain and suicidal individuals. *Crisis, 36*(4), 227–230.

Resick, P. A., Monson, C. M., & Chard, K. M. (2016). *Cognitive processing therapy for PTSD: A comprehensive manual.* New York, NY: Guilford Press.

Shneidman, E. S. (1993). *Suicide as psychache: A clinical approach to self-destructive behavior.* Lanham, MD: Jason Aronson.

技巧52: 寻找未满足的需求

"在对有自杀倾向的人进行心理治疗时,治疗师最好在脑海中有一个个体化的来访者受挫需求模板,并将治疗重点放在缓解这些令人痛苦的挫折上。"

(Shneidman, 1998, p.249)

俗话说,"你需要的就是爱"。的确,生活中缺乏爱会造成难以言喻的痛苦。但人们需要的远不止爱,从食物、住所和健康等基本需求,到感知胜任力和自主权等更复杂的需求。根据心理学家什内德曼的主张,助长自杀愿望的心理痛苦来自未被满足的心理需求,因此,很重要的是,评估一个人的生活因为缺少了什么成分而痛苦,并帮助他朝着满足这些需求的方向发展。

找到未满足需求的一个关键问题很简单:"你的生活中缺少了什么,如果明天拥有它,就能让你想活下去?"沿着同样的思路,自杀状态问卷(Jobes, 2016)要求有自杀倾向的人完成以下句子:"能帮助我不再想自杀的一件事是……"多数情况下,个体对这些问题的反应揭示了他们在亲密关系、其他社会关系以及经济、职业或学术稳定性方面的需求(Kulish et al., 2012, cited in Jobes, 2012)。

研究和理论还阐明了其他重要的心理需求。什内德曼以默里(Murray, 1938)的工作为基础,对未满足的需求进行概念化,明确了二十种心理需求。这些需求包括爱与被爱、成就、玩乐、自主、避免伤害和羞耻以及能够理解发生的事情。最近,自我决定理论确定了三种主要的心理需求:自主性、胜任感和联结感(Deci & Ryan, 2000)。还有其他研究指出,人们需要在生活中拥有积极的自尊和安全感(Sheldon et al., 2001)。

同时,还要看看可以通过治疗关系满足的需求。这可以帮助减轻来访者的孤独感。以下是一些有帮助的问题。

- "我怎样才能帮助满足你的一些需求？"
- "作为你的治疗师，我能为你提供什么？"
- "我们可以一起做些什么来帮助你填补生活中的一些漏洞？"

永远不要低估治疗关系的治愈潜力。有心理学家（Bongar & Sullivan, 2013）指出："一段敏锐的、深切关怀的治疗关系……仍然是预防自杀的最佳形式"（p.199）。

除了心理需求之外，生存需求也很重要。这可能包括身体和心理健康护理、食物、住所、就业、教育、交通、儿童和老人护理。一个好的社会心理评估会发现这些领域的缺陷。进一步探究这些缺陷与来访者的死亡愿望有什么具体关系，并为来访者提供获得基本必需品的社区资源的信息。

了解自杀倾向者未满足的需求，使你能够与有自杀倾向的人合作，建立治疗目标，参与问题解决，并帮助他们找到获得所需的方法。他们的需求被满足得越多，自杀发生的可能性就越低。

"一切都如此失控"

在一个阳光明媚的秋天，54岁的尤莉亚（Yuliya）去新泽西州的房子附近的树林里郊游。她不知道的是，一只小小的鹿蜱附在她的大腿上，"偷走"了少量血液，并"回报"以伯氏疏螺旋体（Borrelia burgdorferi）。尤莉亚感染了莱姆病（Lyme disease），现在有衰弱的关节炎。

"在我得莱姆病之前，"她告诉她的心理治疗师，"我会感到抑郁，但从来没有想过死。现在我只想死。"

"在你的生活中，你需要什么来让你再次想活下去？"心理治疗师问她。

"我的健康，"尤莉亚说，没有片刻犹豫，"如果不是一直在受伤和生病，我会很高兴能活着。"

这是一个棘手的问题。心理治疗师和尤莉亚都无法消除莱姆病。他深入探讨了一下。

"所以，健康是非常重要的，特别是当你处于痛苦之中时。那么，你需要什么来使健康问题更容易控制？"

"我想不到，"尤莉亚说，"一切都如此失控。"

"每个人都需要某种控制感，至少掌控生活的某些方面，"心理治疗师说，"当然，没有人能够控制一切，但是能够控制一部分，哪怕只是一点点，都可能有帮助。让我们来谈谈你可以在生活中获得更多掌控感的方法。"

尤莉亚和心理治疗师详细讨论了她可以在哪些方面积极主动地保护自己的健康。在接下来的几周里，她参加了一个为关节炎患者开设的水上运动课程。这增强了她的力量。在加入莱姆病患者的支持小组后，她感到更有力量了。这个小组给了她应对疾病的宝贵建议。她与风湿病医生讨论了她的剧烈疼痛。医生让她服用不同的药物，并将她转介到疼痛管理诊所。

尤莉亚无法控制自己的疾病，但她可以在康复中发挥积极作用。这增强了她的掌控感，再加上心理治疗中的其他因素，使她放弃了自杀这一选择。

参 考 文 献

Bongar, B., & Sullivan, G. (2013). *The suicidal patient: Clinical and legal standards of care*. Washington, DC: American Psychological Association.

Deci, E. L., & Ryan, R. M. (2000). The "what" and "why" of goal pursuits: Human needs and the self-determination of behavior. *Psychological Inquiry, 11*(4), 227–268.

Jobes, D. A. (2012). The Collaborative Assessment and Management of Suicidality (CAMS): An evolving evidence-based clinical approach to suicidal risk. *Suicide and Life-Threatening Behavior, 42*(6), 640–653.

Jobes, D. A. (2016). *Managing suicidal risk: A collaborative approach* (2nd ed.). New York, NY: Guilford Press.

Kulish, A., Jobes, D. A., & Lineberry, T. (2012, April). Development of a reliable coding system for the SSF "one thing" response. Poster presented at the annual conference of the American Association of Suicidology, Baltimore, MD.

Murray, H. A. (1938). *Explorations in personality*. New York, NY: Oxford University Press.

Sheldon, K. M., Elliot, A. J., Kim, Y., & Kasser, T. (2001). What is satisfying about satisfying events? Testing 10 candidate psychological needs. *Journal of Personality and Social Psychology, 80*(2), 325.

Shneidman, E. S. (1998). Further reflections on suicide and psychache. *Suicide and Life-Threatening Behavior, 28*(3), 245–250.

技巧53： 针对社会隔离

> "事实上，有说服力的是，在自杀行为的所有风险因素中——从分子层面到文化层面——与社会隔离有关的指数得到了最有力和最一致的支持。"
>
> （Joiner & Van Orden, 2008, p.85）

根据自杀的人际关系理论，自杀的发生必须具备三个条件：感到与他人失去联结（"受挫的归属感"）；认为自己对他人毫无贡献，甚至使所爱之人的生活变得更糟（"感知到的负担"）；习惯了痛苦和危险的行为，以至于自杀不再令人恐惧（"获得性的自杀能力"）（Joiner, 2005）。直接改变一个人的自杀能力很难，但人际关系是有可塑性的。人际关系理论认为，改变其中之———增加归属感或认识到自己对他人的价值——自杀就不会发生。

这三个条件是否真的是自杀的必要成分，还不得而知，但丰富的研究将感知到的负担和受挫的归属感与自杀想法和行为联系起来（Ma et al., 2016）。并且我们知道，导致失去社会联结的各种原因都会增加自杀风险，如关系破裂、亲人死亡、公开羞辱和孤独（Trout, 1980; King & Merchant, 2008）。考虑到这些原因，应该努力增加有自杀倾向的人的归属感和对他人的价值感。

增加归属感

有很多方法可以帮助增加来访者与他人的联结感。首先，如果来访者同意，并且他们的重要他人对治疗过程有建设性作用，可以尝试让重要他人参与治疗（技巧47）。探索来访者过去和现在的社会支持网络，包括可以重新联系的老朋友，或者寻找认识新朋友的方法。如有必要，为他们提供人际交往技巧的辅导。布置心理学家所说的"与归属感有关的家庭作业"（Joiner & Van Orden, 2008, p.87），包括所有能够增加个人与他人交往的活动。一些活动

（如帮助朋友或家人或在社区做志愿者）还会带来额外的好处，如增加来访者对他人的价值感，减少负担。

有时，来访者的隔离感是认知歪曲的产物（技巧66—67）。在这些情况下，有自杀倾向的人会贬低、淡化或无法在当下体验到从朋友和家人那里得到的爱和支持。对社会隔离的歪曲认知可能与真实的隔离一样痛苦（Hawthorne, 2008）。认知行为治疗的技巧（技巧68—70）可以帮助引导来访者探索"没有人关心的感觉"，检查证据来确定他们的想法是否真实和有建设性，纠正认知歪曲（如全或无的想法和灾难化），并挑战不准确的想法。如果想法是准确的，那么让来访者进行问题解决，以认识新的人并恢复被忽视的关系。

在减少隔离感方面，你还有一个宝贵的资源可以利用：自己。治疗关系可以成为治疗的工具，特别是当你帮助产生归属感、关怀和支持时。为了充分利用治疗关系的治愈力量，心理学家（Joiner & Van Orden, 2008）提供了建议：采取合作的方式（技巧14）。通过经常使用"我们"来强调你与来访者的联结（如，"我们在一起""我们会解决这个问题"）。将你与来访者的关系设定为关心、帮助和支持的来源。尽量避免共情失败和其他对治疗关系的伤害，万一真的发生了，请努力修复它们。

减少感知到的负担

认知行为技术也有助于帮助个体挑战他们对他人的负担感。首先，以非评判和共情的方式发掘来访者"对他人生活的贡献"的信念。不要立即试图劝阻对方的信念——他们可能认为，如果自己死了，别人会过得更好。如果不对无价值感的折磨进行共情，那么什么都将是无效的。在传达共情并探讨负担感之后，使用认知行为技术帮助对方检查支持信念真假的证据，认识到哪里发生了认知歪曲，并发展出适应性的、现实的信念（技巧67—70）。

除了想法，还要注意来访者可以采取的行动。一起想出可以帮助来访者提高价值感的活动，哪怕只是微小的方面。这将因人而异，但确实存在一些现实的、可操作的可能性，比如要求来访者每天赞美三个不同的人，或每天至少为一个人做一件好事。如果来访者曾经冤枉或辜负了另一个人，他们可以尝试弥补。更大的贡献可能包括为相信的事业做志愿，在一定程度上参与基层或政治活动，或者试着从事一份超越个人意义的工作（Joiner & Van Orden, 2008）。

"非洲紫罗兰女王"

一位老年妇女独自生活在一个破旧的房子里。由于健康状况不佳和社会隔离，她已经不想活下去了。有一天，一个住在外地的亲戚给精神病学家埃里克松（Erickson）打电话。这位亲戚很关心她。埃里克松医生能帮上忙吗？

埃里克松医生出诊了。他从对方家里的植物看出，她喜欢非洲紫罗兰。的确，她把种植非洲紫罗兰作为爱好。当她拒绝埃里克松的帮助时，他提议：如果她同意送一些非洲紫罗兰给社区中经历了重大生活事件（如孩子出生、婚礼或家庭死亡）的人，他就不再打扰她。

她接受了他的提议，这改变了她的生活。她走出了家门。她与其他人建立了联结。她感到自己对那些乐于接受非洲紫罗兰的人有价值。几年后，报纸上刊登了一篇文章，标题是："非洲紫罗兰女王逝世，数千人哀悼。"

这个故事被许多心理治疗师以各种形式讲述和重构（Fiske, 2008），它提出了一个重要的观点：给予他人是给自己的礼物。种植非洲紫罗兰是这位曾经与世隔绝的妇女的爱好。在与他人分享这些美丽的花朵时，她与他人的联结和对他人的价值感也在绽放。

参 考 文 献

Fiske, H. (2008). *Hope in action: Solution-focused conversations about suicide.* New York, NY: Routledge.

Hawthorne, G. (2008). Perceived social isolation in a community sample: Its prevalence and correlates with aspects of peoples' lives. *Social Psychiatry and Psychiatric Epidemiology, 43*(2), 140–150.

Joiner, T. (2005). *Why people die by suicide.* Cambridge, MA: Harvard University Press.

Joiner, T. E., Jr., & Van Orden, K. A. (2008). The interpersonal-psychological theory of suicidal behavior indicates specific and crucial psychotherapeutic targets. *International Journal of Cognitive Therapy, 1*(1), 80–89.

King, C. A., & Merchant, C. R. (2008). Social and interpersonal factors relating to adolescent suicidality: A review of the literature. *Archives of Suicide Research, 12*, 181–196.

Ma, J., Batterham, P. J., Calear, A. L., & Han, J. (2016). A systematic review of the predictions of the interpersonal-psychological theory of suicidal behavior. *Clinical Psychology Review, 46*, 34–45.

Trout, D. L. (1980). The role of social isolation in suicide. *Suicide and Life-Threatening Behavior, 10*, 10–23.

技巧54: 使用着陆练习

> "我们真正的'家'就在当下。"
>
> （Hanh, 2016, p.131）

痛苦的情绪往往会淹没有自杀倾向的人。在这些时候，这个人的想法和恐惧会飘到未来。"这种感觉不会消失。""我不能再忍受了。""逃避这种痛苦的唯一方法是死亡。"又或者，他们可能困在过去，沉浸在之前的伤害、创伤性记忆和感知到的失败中。他们变得无依无靠，与周围的世界失去联结。在这种情况下，着陆技术可以让人们专注于当下的安全（Lowen, 1972）。

着陆技术分为两类：可以和有自杀倾向的人一起使用的；有自杀倾向的人可以自己使用的。如果对方的情绪不稳定，而你们的治疗或会谈即将结束，着陆技术就尤为重要。相对快速和简单的方法是，在与自杀倾向者交谈时，不断重复他们的名字，请他们看着你的眼睛（如果在文化上提出这样的要求是合适的），并询问他们外部环境中发生的事情。可以邀请对方环顾你的办公室，描述他们看到的东西——物体、颜色、形状和图案。鼓励来访者做自己身体的观察者，每时每刻注意自己的感觉，包括身体的具体部位。举个例子，请来访者把脚放在地上，身体坐直。然后用一连串的问题来引导对方关注身体感觉。

- 你的脚底与地面贴着的感觉如何？
- 坐在椅子上，你的臀部感觉如何？大腿呢？背部呢？
- 你的手在触碰什么？是什么感觉？
- 还有哪些其他的身体感觉？

在治疗之外，来访者可以使用更广泛的有益技术。辩证行为治疗教导人们使用身体的五种感觉来连接到此时此地（Linehan, 2015）。

触觉。拿着冰块，注意它带来的身体感觉。（不要在一个位置拿太久，以免冻伤！）另一个选择是用手指在柔软的织物上滑动（如羊毛或天鹅绒），或石头、砂纸等研磨材料，或猫、狗的柔软皮毛。同时，把注意力转移到触感上。

视觉。看着房间里的一个特定物体，思考或详细描述它。也可以专注于一个物体的物理运动：水从水龙头中流出，打在水槽表面，产生微小的气泡，然后打着转流入下水道；蜡烛的火焰在跳舞；树枝上的树叶在颤抖。无论什么运动，都可以全神贯注地追踪它所有的移动。

嗅觉。闻具有独特气味的物品，如特定的食物、香料、肥皂、香水、鲜花和精油。选择气味对比鲜明的物品，可以特别刺激对身体感觉的觉知。

味觉。食用特别咸、特别甜或特别辛辣的食物，记下嘴唇和舌头的不同位置感觉到的味道。

听觉。注意环境中的各种声音，记下每个声音的音调、类型和来源。另一个选择是听歌，甚至可能是讨厌的歌曲，并沉浸在音乐的声音、节奏和歌词中。

从根本上说，着陆技术是一种正念练习。但二者在功能上有所不同。着陆技术在个体与物理环境的安全之间重新建立联结，尤其被用作一种稳定个体的手段。正念技术不仅维持对此时此地的身体体验和观察的觉察，而且维持对想法、情绪和冲动的觉察，无论是否稳定。技巧74更深入地讨论了正念。

"我想死就是因为我无法停止伤害"

当恐慌笼罩着她时，乔茜（Josie）只想去死。在那段时间，她看到自己在3年前住的那个小小的、淡蓝色的宿舍里——不，她实际上就在那里，又被强奸了。就是那种感觉。在那时，除了死亡，她无法逃离痛苦。她最近一次落入黑暗是在2天前，她过量服药，试图自杀。

"如果在那些时刻，你能从痛苦中得到一些缓解，"社工在医院里问她，"你还会想死吗？"

"我无意冒犯,但这是一个有点愚蠢的问题,"24岁的乔茜回答,"如果我感觉好些,我为什么想死?我想死就是因为我无法停止伤害。"

"好吧,很明显,停止重历那个可怕的夜晚是多么重要,"社工说,"让我们来谈谈如何从那晚的恐怖中逃脱出来,回到此时此地的安全。"

社工与乔茜讨论了各种着陆技术,并邀请她提出自己的想法。乔茜确定了几个可以尝试的选择。她可以睁大眼睛,记下在房间里看到和听到的一切。她可以看电视,数数她听到"the"这个单词的次数。她可以在手掌内侧摩擦冰块。她还可以抚摸她的狗的毛发。仅依靠这些着陆练习并不能治愈创伤后应激或绝望。但这些练习可以帮助她把注意力带回当下——一个没有暴力的时刻,一个远离过去的时刻。

参 考 文 献

Hanh, T. N. (2016). *At home in the world: Stories and essential teachings from a monk's life*. Berkeley, CA: Parallax Press.

Linehan, M. M. (2015). *DBT skills training handouts and worksheets* (2nd ed.). New York, NY: Guilford Press.

Lowen, A. (1972). *Depression and the body: The biological basis of faith and reality*. New York, NY: Coward, McCann & Geoghegan, Inc.

第十章

探索动机和疑虑

技巧55：假设"没事"——这个人想放弃自杀吗？

"自杀想法是我选择的药物，我不想让它们消失。"

（Blauner, 2002, p.69）

多数心理健康专业人员认为自杀想法是需要消除或去掉的问题。然而，许多有自杀倾向的人并不认为自己的自杀想法是一个问题。一些人从自杀想法中获得抚慰、平静或满足感（如Crane et al., 2014）。特别是有长期自杀意念的人，他们可能会对自杀想法产生依恋，以此来安抚自己，抵御被"困住"的感觉———些精神病学家（Maltsberger et al., 2010）所谓"自杀幻想是一种维持生命的手段"（p.611）。

下面的问题有助于了解来访者对自杀想法的依恋。

- "如果可能，你有多想停止自杀想法？"
- "把自杀作为一种选择的利弊分别是什么？"

另一种了解人们改变愿望的方法来自动机式访谈。通过使用"准备度标尺"，被试在0（没有）到10（非常）的等级上评定改变自杀想法的重要性程度（Moyers et al., 2009）。同样，使用相同的等级量表评定改变的信心。标准化的评分为进一步探究动机提供了机会。例如，可以问为什么评分如此之高，或者什么会让评分提高1~2个等级。

也有可能这个人不想改变自杀想法。在这个问题上不要勉强对方，因为无论你喜欢与否，自杀始终是一种选择（技巧18）。这里的目的是了解对方的动机，这样就可以找到一些共同点。如果你和有自杀倾向的人在互不知情的情况下各自走向不同的道路，那么你们就很难协作。

"我来这里并不是为了停止自杀想法"

27岁的尼科斯（Nikos）在高中时第一次想到自杀。当时并没有什么特别的事发生，他没有分手，没有落榜，也没有因犯罪被捕。他只是发现自己在想，活着是否值得。从那以后，他经常想到自杀。尽管他从未按这些想法采取过行动，但知道自己可以这么做，就让他感到舒服。

"听起来你有自杀想法已经很久了，你想停下来吗？"他的治疗师，一位执业的心理治疗师问。

"我知道这听起来很奇怪，但我来这里并不是为了停止自杀想法，"尼科斯说，"我来这里是为了让自己不再感觉像个废物。"

"我也希望如此，"治疗师说，"我希望你不要再觉得自己像个废物。当然，作为一名心理健康专业人员，我希望你能得兼——感觉更好，也不再想自杀。"

"我不会做什么，"尼科斯说，"我只是想想。"

"那么，从0到10，停止自杀想法对你来说有多重要？"治疗师问。

"真的，是0，"尼科斯说，"我不认为这是个问题。"

"让我知道是件好事，"治疗师说，"我不会强迫你放弃自杀。但是，让我们也看看其他选择。"

参 考 文 献

Blauner, S. R. (2002). *How I stayed alive when my brain was trying to kill me*. New York, NY: Harper Collins.

Crane, C., Barnhofer, T., Duggan, D. S., Eames, C., Hepburn, S., Shah, D., & Williams, J. M. G. (2014). Comfort from suicidal cognition in recurrently depressed patients. *Journal of Affective Disorders, 155*, 241–246.

Maltsberger, J. T., Ronningstam, E., Weinberg, I., Schechter, M., & Goldblatt, M. J. (2010). Suicide fantasy as a life-sustaining recourse. *Psychodynamic Psychiatry, 38*(4), 611.

Moyers, T. B., Martin, J. K., Houck, J. M., Christopher, P. J., & Tonigan, J. S. (2009). From in-session behaviors to drinking outcomes: A causal chain for motivational in-terviewing. *Journal of Consulting and Clinical Psychology, 77*(6), 1113–1124.

技巧56: 探讨矛盾心理

"可以假设:'这个人能参与会谈是因为对自杀的矛盾心理。如果有明确的自杀愿望,他很可能已经死了。'"

(Chiles & Strosahl, 2005, pp.28–29)

许多有自杀倾向的人生活在极度痛苦的、加剧死亡愿望的环境中。他们可能会经历深刻的悲剧、残酷的精神疾病、令人心碎的情绪痛苦、无法治愈的慢性身体疼痛,等等。但即使在痛苦和绝望中,这个人仍然在这里,"活着"。"活着"本身就是希望的证据。这引出了一个问题:"你有那么多死亡的理由,但是什么阻止了你自杀?"或者更简单地,"是什么阻止了你?"

一些助人者害怕问这些问题,好像他们在鼓励对方对自杀想法采取行动一样。相反,询问是什么阻碍了自杀,可以帮助他们了解是什么让他们活着。它至少暂时转移了焦点。管道视野是自杀想法的常见表现(技巧66)。人们的注意力局限于他们的绝望、抑郁或其他痛苦状态,而忽视了原本的生存愿望。询问是什么阻止了他们对自杀想法采取行动,可以揭示这种矛盾心理,使有自杀倾向的人能够意识到并进行探索。

所以,不要害怕问对方为什么他们没有按照自杀想法行事。答案可能揭示了是什么让他们活着。

"我还在这里"

当费利西娅(Felicia)在婴儿床里发现女儿的尸体时,她的女儿只有3个月大。几天后,她的丈夫向警方坦白,他在孩子哭闹不止时,愤怒地将她撞在了厨台上。女儿死亡和丈夫被捕已经过去了4个月,费利西娅感到极度痛苦,她渴望死去。

"我真的没有理由再活下去了,"32岁的费利西娅告诉她的哀伤治疗师，"没有了，让我活着的所有事情，对我来说重要的一切，都已经被摧毁了。"

"你经历了这些，"哀伤治疗师说，"你想通过死亡来结束痛苦是完全可以理解的。考虑到这一切，是什么让你坚持下去的呢？"

费利西娅哭了。"我真的不知道，"她告诉治疗师。

"让我们一起努力弄清楚，好吗？"治疗师说，"你还在这里，坐在我面前。一定有原因，甚至有很多原因。你认为是什么阻止了你自杀？

"恐惧，"费利西娅说，"我很害怕。我是个懦夫。"

"好，阻止你的一个原因是害怕。是什么让你害怕自杀？"

"我担心我会搞砸，"费利西娅说，"我会让事情变得更糟。你知道，如果我试图自杀，可能令身体落下某种可怕的永久性残疾。"

"我明白这是多么可怕的想法，"治疗师说，"很多事情都可能出错，不是吗？"

费利西娅点了点头。"是的。我还害怕其他事情。我害怕我会死，然后看见我的人生电影——如果我还活着，我的一生会怎样度过。我是说，如果我自杀了，却在来世知道我本可以挺过这一关呢？我因为自杀而受到惩罚。我看到了我错过的一切，然后恨自己。也许这就是'地狱'——永远恨自己。"

"想想都很痛苦，不是吗？"哀伤治疗师说，"然而，与此同时，你的恐惧似乎有点像希望。我的意思是，你害怕的原因之一是你意识到，也许有一天你会感觉更好，对吗？"

"是的，我想是的，"费利西娅说，"这太痛苦了，我真的没有这样想过。但这是真的。我还在这里。"

参 考 文 献

Chiles, J. A., & Strosahl, K. D. (2005). *Clinical manual for assessment and treatment of suicidal patients*. Washington, DC: American Psychiatric Publishing.

技巧57： 比较生存与死亡的理由

"也许研究生存理由和死亡理由可以让我们更好地理解自杀等式两边的意义——内心的自杀辩论和自杀心理的完形（gestalt）。"

(Jobes & Mann, 1999, p.98)

揭示自杀矛盾心理的一个常规但有力的方法是要求来访者核查死亡理由和生存理由。这个简单的行为可以帮助有自杀倾向的人拓宽视野，这样他们就不会只看到等式的一边。更有帮助的是，反对自杀的理由和希望的理由都来自自杀倾向者本人，而不是治疗师或其他人强加的反自杀议程。

与他人分享自杀想法的人经常要面对他人震惊、悲伤的情绪以及努力的劝说。这会导致他人站在生存的一边，而有自杀倾向的人则为自杀辩护。通过邀请自杀倾向者审视自杀的好和坏的方面，可以让他们接触到争论的两端。

指导探索生存与死亡理由的一种方法是要求对方列出每个原因。本练习也是自杀的合作评估和管理（CAMS）的一部分。通过使用自杀状态问卷（技巧21），CAMS临床工作者要求来访者分别列出5个生存和死亡理由，然后让他们按照重要性对所有理由排序。

一些研究者建议记录生存和死亡理由的数量，并计算二者的数量差异，以衡量这个人的矛盾心理（如Palmer, 2014）。但这种比较可能具有欺骗性。它没有考虑到，仅仅一个生存理由（如，孩子）就可能在意义上压倒所有的死亡理由，反之亦然。例如，在一项研究中，生存理由的范围从"吃中国菜"到"我的家人"（Jobes & Mann, 1999）。比起依赖简单的计数，更有助益的是探索人们赋予这些理由的意义和价值。

另一种方法是围绕自杀和生存的利弊展开讨论。这些利弊似乎互为镜像。但事实上，反对自杀的理由通常是基于恐惧的（如"我害怕如果尝试自杀但最终活了下来，我的身体会受到永久的伤害"），而生存理由往往是肯定生命的（如"我仍然有我想做的事"）。审视生与死的利弊，可以激发更全面的观点，为肯定生命和拒绝自杀的理由提供空间。

重要的是，在讨论利弊时，不要质疑来访者对自杀的好处及死亡理由的看法。当下的目标是促成一种开放的对话，让人们与他们的矛盾心理建立联系。

"拔河"

28岁的胡安（Juan）反复思考是否真的应该自杀。治疗师告诉他，"看看自杀的好坏以及活着的好坏，都会有帮助。把所有的观点放在一起，我们可以学到很多。"她画了一张表格，划分出自杀和活着的利弊栏，让胡安一边说一边写下自己的想法。以下是他们讨论的结果：

	弊	利
自杀	它会摧毁我的母亲。 我弟弟很尊敬我，这样会让他认为自杀是被允许的。 我可能会下"地狱"。 如果我尝试自杀但没死，我可能会落下永久残疾。	不再痛苦。不再担忧。 没有我，人们会过得更好。 解脱。
活着	我陷入了难以摆脱的财务危机。 我无法解决我的问题。 越来越多的痛苦。	事情可能会变得更好。 还有很多我想看和想做的东西。 我可以告诉弟弟，即使搞砸了，生活也能继续。

这次练习让胡安更清楚地了解了他生存和死亡的原因，更重要的，他意识到了自己的矛盾心理。"很显然，我认为死亡比活着更好，但我的这两个部分似乎在进行拉锯战，"胡安说，"我想这是件好事，对吧？"

参 考 文 献

Jobes, D. A., & Mann, R. E. (1999). Reasons for living versus reasons for dying: Examining the internal debate of suicide. *Suicide and Life-Threatening Behavior, 29*(2), 97–104.

Palmer, S. (2014). *Suicide: Strategies and interventions for reduction and prevention*. New York, NY: Routledge.

技巧58: 邀请对方寻找"陷阱"

"无论尝试多少次,迄今为止,我们还没有找到一种不伴随陷阱的自杀的好处。"

(Ellis & Newman, 1996, p.47)

比较生存与死亡理由(技巧57)可以强调矛盾心理。一个简单的练习可以进一步加深人们对这种矛盾心理的认识:从自杀的好处中寻找弊端。换言之,无论自杀带来了什么,都去想想有什么陷阱。

心理学家(Ellis & Newman, 1996)研究了人们支持自杀的常见原因,并对每个原因进行了分析。例如,一个常见的原因是,"我将不再是别人的负担。"这里的陷阱是什么呢——"我怎么知道我的死不会让他们的负担更大?"另一个例子是,"如果我死了,他们会为对待我的方式感到抱歉"——但结果可能是"我不会在旁边享受复仇"(Ellis & Newman, 1996, p.48)。

让有自杀倾向的人自己找出陷阱,这将比你提供答案更有力量。如果对他来说有困难,试着用一些苏格拉底式问题帮助他。也许最简洁的问题就是,"有什么陷阱?"以下还有其他可能的问题。

- "当你说自杀会因为_____带来帮助时,你觉得会有什么坏处?"
- "你对自杀的结果估计是否可能有误?"
- "你可能遗漏了什么吗?"

请记住,这里的目标不是说服来访者自杀是一个糟糕的选择,而是帮助来访者更加了解自己对自杀的疑虑。这种更全面的觉察可能会激励人们不按自杀想法行动。

"我不想伤害更多……"

除了自杀，54岁的乔尔（Joel）找不出任何办法来摆脱痛苦。"如果我自杀了，"他说，"那么一切就结束了。我不会再带来伤害了。"

心理学家忍住了反驳他"没错，一切都结束了。好的事情也结束了。想想你会错过的所有好的事情。"相反，为了帮助乔尔找到自己的答案，她问：""那可能有坏处吗？"

"我真的想不出什么，"乔尔说，"我真的再也忍受不了了。这是一种折磨。如果你知道你每天都会受折磨，你难道不想以死来避免反复的折磨吗？"

"你不想再受折磨了，这很有道理，"心理学家说，"但我还想知道，如果为了避免受折磨而自杀，你会失去什么？"

"这是什么意思？"乔尔问。

"我的意思是，有什么陷阱？自杀对你做出了一个诱人的承诺：跟我来，你就再也不会受苦了。确保自己不再受苦有什么坏处吗？"

乔尔说："我想你可能想让我说，如果不能再次感到痛苦，那么我也不能再次感到幸福了。我会错过很多好的事情。但事实是，无论如何，我认为我不会再有好的感觉了。所以这不是什么陷阱。"

心理学家很想质问乔尔，他是否真的不会感觉好了。但她并没有这么做，而是向他反映了他的绝望。"这听起来对你真的没什么好处。所以你在想，如果你自杀了，你的痛苦就会结束，而且不会有任何负面影响。"

乔尔说："好吧，也许有一个缺点。我承认，我害怕接下来会发生什么。如果我们来到这个世界，就是为了从痛苦中吸取教训呢？如果我自杀，我就失败了。万一我被送去过更痛苦的生活呢？我不想下辈子承受更多的痛苦。"

"所以，问题不在于错过此生的幸福，而在于来生可能会遭受更多的

> 痛苦。对吗？"
>
> "是的，"他说，"我不得不承认，这真的是一个陷阱。"

参 考 文 献

Ellis, T. E., & Newman, C. F. (1996). *Choosing to live: How to defeat suicide through cognitive therapy*. Oakland, CA: New Harbinger Publications, Inc.

技巧59: 寻找例外

"有自杀倾向的人并不是一直想自杀：有时他们会不那么想自杀，或者根本不想自杀。"

（Henden, 2008, p.84）

有自杀倾向的人通常会在自杀意念不那么严重的时候获得片刻的喘息，即使只是程度上的改变。注意这些例外。当人们的自杀想法减弱或消退的时候，就会有一些线索表明他们可以采取不同的方式来体验不同的感受。

询问来访者自杀想法最强和最弱的时刻。那些时刻有什么不同？他们在做、想、感受什么？即使是微小的改变也能引发巨大的结果。心理治疗师亨登（Henden）是这样对来访者说的：

你早些时候提到，在过去一周，有一次，你感觉自杀倾向的程度稍低。从现在到我们下次见面之前，我希望你能在那短暂的时间内保持觉察——可能只是一个瞬间——当你感觉自杀倾向的程度稍微降低一点的时候。我希望你注意到这个时刻，并注意它与其他时刻相比有什么不同。你能做到吗？

（Henden, 2008, p.149）

寻找这些问题的例外是焦点解决心理治疗的核心。焦点解决治疗的前提是：专注于问题并不能带来解决方案。专注于解决方案的格言包括"如果奏效，就多做一些""如果不起作用，就做不同的事""没有问题会总是存在"（De Shazer & Dolan, 2012, pp.2—3）。尽管没有严格的研究检验过焦点解决短程治疗（solution-focused brief therapy, SFBT）对自杀个体的有效性，但有一些证据表明，SFBT可以减少引发自杀想法的情况，如抑郁（Gingerich & Peterson, 2013）。

寻找例外的目的不是向对方传达事情并不像他们所说的那样糟糕或毫无希望。相反，目的是帮助他们寻找更多可行的方法。这就是希望的本质。

"在一些甜蜜的时刻"

71岁的阿利斯特（Alister）感到绝望。他所做的一切似乎都无济于事。药没有用。日常锻炼没有用。祈祷也没有用。这片黑暗似乎将是他永远居住的家，他这样告诉精神科医生扬迪尔（Youngdeer）博士。

"你描述了非常痛苦的情绪，痛苦到让你想自杀，"扬迪尔博士说，"在你感觉最糟糕的时候，在从0到10的尺度上，10是非常想活着，0是完全不想活着，你会给自己打多少分？"

阿利斯特毫不犹豫地说："1，肯定是1。"

医生问："你在这个尺度上曾经最高的得分是多少？"

"有时我会说是3或4。在一些甜蜜的时刻，甚至可能是5。"

"在分数是5的时候，你会归因于什么？"

阿利斯特说："我认为这与我跟女儿或朋友们在一起有关。我感觉不那么孤单。我的朋友和家人，他们分散了我的注意力。"

"那么，这是一条非常重要的线索，"扬迪尔博士说，"听起来，如果你经常和你爱的人在一起，你的自杀想法就会少一些。"

"是的，这是真的。但似乎总是回到想死，"阿利斯特说，"在凌晨3点，当我想拿出猎枪的时候，我不可能直接出现在女儿或者朋友的家门口。"

"在那些时候提醒自己想一想朋友和家人会有帮助吗？"扬迪尔博士问，"也许把照片拿出来，或者看看手机里的照片，这样你就可以提醒自己，你可以当天上午与他们联系？"

"这可能会有帮助，"阿利斯特说，"也许只是一点点，但一点点也好过什么都没有。你看，当我处于这种状态时，就好像我是世界上唯一的人。我就忘记了一切，忘记了其他人。"

> "所以这些照片可能会成为你的记忆，"扬迪尔博士说，"现在，让我们来谈谈你的分数高于1的其他时候……"重复上述过程。

参 考 文 献

De Shazer, S., & Dolan, Y. (2012). *More than miracles: The state of the art of solution-focused brief therapy.* New York, NY: Routledge.

Gingerich, W. J., & Peterson, L. T. (2013). Effectiveness of solution-focused brief therapy: A systematic qualitative review of controlled outcome studies. *Research on Social Work Practice, 23*(3), 266–283.

Henden, J. (2008). *Preventing suicide: The solution focused approach.* Chichester: John Wiley & Sons.

第十一章

灌注希望

技巧60: 将自杀视为一种问题解决行为

"自杀行为可以被认为是一种问题解决的尝试,旨在逃避看似无法忍受的情绪痛苦。"

(Luoma & Villatte, 2012, p.267)

常有人说,"自杀是对一个暂时问题的永久解决方案。"自杀预防领域的许多人都讨厌这句话。他们认为它错误地将自杀——一个毁灭性的社会问题——宣传为一种解决方案。但现实是,无论多么悲惨、多么具有破坏性,自杀确实是一种解决办法,并且问题并不总是暂时的。当一个人认为自己的问题"不可避免、无休无止、无法忍受"时,他们就可能选择自杀(Chiles & Strosahl, 2005, p.96)。自杀意味着对痛苦的一种逃避、一种结束,以及,众所周知,一种停止。与其明确支持反自杀议程,不如认识到自杀的问题解决本质,并寻找其他更具建设性的解决方案。

为了更好地理解自杀能"解决"什么,可以根据精神病学家奇利斯(Chiles)和心理学家斯特罗萨尔(Strosahl)的建议,尝试提出以下问题。

- "自杀能为你解决什么问题?"
- "如果这些问题可以用其他方式解决,你还会想死吗?"

很多时候，答案是否定的，如果来访者的问题和痛苦能够以其他方式得到解决，那么他们就不会想死。这里，你可以传递一种希望，即还有其他解决方案有待发现。奇利斯和斯特罗萨尔这样说：

在抵达那个节点（自杀）之前，如果我们一起探索你为问题解决做了哪些实际努力，这对你来说有意义吗？……看看我们是否能想出一些更好的方法，而你不需要死去？

（Chiles & Strosahl, 2005, p.80）

不要过早地试图解决问题。你必须先表现出对自杀原因的共情和理解（技巧15）。将自杀定义为一种问题解决行为可以灌注希望。它拓展了思维——这个人可以考虑各种可能性、各种解决方案，甚至希望能够生存。问题解决的方法促成了一个联盟，在这个联盟中，你和有自杀倾向的人共同努力，找出死亡以外的解决方案。

"我再也不会觉得自己像个废物了"

27岁的贾马尔（Jamal）渴望自杀。但他不知道怎么做。也不知道什么时候。现在，他只是每晚躺在床上尝试入睡时祈祷能被带走。社区卫生中心的咨询师问他："死亡会为你解决什么问题？"

贾马尔告诉她："我再也不会觉得自己像个废物了。一切都会过去。"

"详细说说，"咨询师说。

贾马尔描述了他长期以来的绝望和无价值感以及与家人和朋友的疏远。同时，如他所说，他确信"这个世界不适合我。"

咨询师问道："如果有其他方法可以让你感觉更好，你还会想自杀吗？"

"我想不会，"他说，"我真的不想再觉得自己像个废物了。"

"你意识到了，这很好，"咨询师说，"我们可以一起看看你的问题，尝试寻找能让你感觉更好的方法。在你做任何自杀尝试之前，你愿意先尝试一些其他的事情吗？"

"是的，"贾马尔说，"我想这值得一试。"

参 考 文 献

Chiles, J. A., & Strosahl, K. D. (2005). *Clinical manual for assessment and treatment of suicidal patients*. Washington, DC: American Psychiatric Publishing.

Luoma, J. B., & Villatte, J. L. (2012). Mindfulness in the treatment of suicidal individuals. *Cognitive and Behavioral Practice, 19*(2), 265–276.

技巧61: 头脑风暴出"选项列表"

> "有自杀倾向的人的思维模式会受到限制。他们的思维通常是二分的，只有两种可能性：是或否——随心所欲地生活或是死亡……"
>
> （Shneidman, 1996, p.61）

众所周知，有自杀倾向的人以全或无的方式看待事物：要么活着并遭受无情的痛苦，要么死于自杀。在两个极端之间，他们可能只看到很少的选择。克服这种二分思维的一种方法是帮助他们构建一个"选项列表"（Shneidman, 1981）。

具体做法是：你们一起头脑风暴，想出能想到的每一个可能选项，甚至是那些看起来很麻烦或不可接受的选项。然后，让对方从最好到最坏的顺序排列各种可能。记住头脑风暴的两个重要准则（Nezu et al., 2012, p.195）：

1. "数量成就质量。"想法越多越好！
2. "推迟判断"。这么做不是为了产生好的想法，而是产生所有想法——无论好坏。

在这个练习中，想法的质量并不重要。目的主要是拓宽来访者的视野。显然，发散性思维至少能暂时消除认知限制。在劣质或不现实的想法中，可能会出现好的、现实的、过去未被发现的选择。这种头脑风暴是问题解决方法的关键组成部分（技巧62）。

如果该人将自杀作为列表中的一个选项，不要反对。现实地说，自杀总是一种选择（技巧18）。选项列表显示，在极度痛苦和自杀之间，还有许多其他选项可以考虑。

"我宁愿死也不愿流落街头"

正当37岁的辛迪（Cindy）的生活走向正轨时，一位副警长来到她家，在门上贴了一张亮橙色的驱逐通知。辛迪物质成瘾多年，3个月前才停止吸食海洛因。她仍然没有工作，没有办法负担其他住房。她告诉她的成瘾咨询师，"我宁愿自杀也不愿无家可归。"

咨询师与辛迪一起准备了一份选项清单。他写下了两个选项：

无家可归。

自杀。

他把黄色记事本递给她，让她写出其他选项。辛迪真诚地说："老实说，我想不出任何其他选择。"

"好吧，"咨询师说，"如果你还活着，最坏的情况是什么？"

"我一定会流落街头，只有做妓女才能活下去。"

"好的，记下它，"他说。

"但这真的不是一个选择！"辛迪抗议，"我不会真的那样做。我宁愿死。"

"没关系。让我们就所有可能的选项进行头脑风暴。在头脑风暴时，想法没有好或坏。"

最终，辛迪记录了如下可能性列表：

- 流落街头，做妓女
- 住在庇护所
- 住在汽车旅馆
- 住在朋友家的沙发上（不是一个好的选择，因为他们仍在吸毒）
- 自杀

咨询师指导辛迪找出除了做妓女之外，其他赚钱的办法。当她陷入困境时，他提出了一些建议，让她接受或拒绝。最后，她列出了以下清单：

- 在街角讨钱
- 做临时工
- 销售毒品
- 偷
- 找到任何可能的工作，比如在快餐店、零售店或办公室
- 申请政府援助
- 什么都不做，抱着最好的希望

几分钟内，辛迪的两个选择——无家可归或自杀——增加到了十几个。辛迪最终选择住在庇护所，并知道这是暂时的。她可以在戒毒所或快餐店找到工作。住在庇护所似乎很可怕，但没有住在大街上那么可怕。住在庇护所似乎比死去要好。她未来总是可以选择自杀的。但第一步，她想看看自己的生活是否能变得更好，因为她清楚地意识到，除了痛苦和死亡，她还有其他选择。

参 考 文 献

Nezu, A. M., Nezu, C. M., & D'Zurilla, T. (2012). *Problem-solving therapy: A treatment manual*. New York, NY: Springer.

Shneidman, E. S. (1981). Psychotherapy with suicidal patients. *Suicide and Life-Threatening Behavior, 11*(4), 341−348.

Shneidman, E. S. (1996). *The suicidal mind*. New York, NY: Oxford University Press.

技巧62： 教授问题解决的方法

"随着问题解决能力的提高，自杀的风险降低。"

（Reinecke, 2006, p.238）

有自杀倾向的人往往缺乏问题解决的基本技能。心理学家赖内克（Reinecke）指出，自杀是"适应性和理性问题解决的失败"的产物（p.240）。面对看似无法解决的问题，这个人感到绝望。这种绝望使得他除了自杀之外，更难找到可能的解决方案。提供问题解决的具体技能可以帮助打破这种循环并创造希望。

如一些心理学家（Nezu et al., 2015）所述，问题解决方法为人们提供了一种结构化的方式，将看似压倒性的过程分解为可管理的步骤。

1. 确定要解决的具体问题；
2. 一起讨论可能的解决方案（即创建选项列表，见技巧61）；
3. 评估可能的解决方案的优缺点；
4. 选择看似最佳的选项；
5. 尝试该选项；
6. 评估结果，如果没能解决问题，则尝试列表中的下一个最佳选项。

与来访者一起探索他们迄今为止尝试解决问题的所有方法。在流程的第五步中，当来访者试图解决问题时，将这一努力设定为一个实验——没有成功或失败，只是收集数据来帮助确定哪些有效、哪些无效。如果这个选项不能解决问题，也为尝试另一种方法奠定了基础。

问题解决的方法似乎很简单。它对那些天生缺乏问题解决能力的人非常有价值。该方法是问题解决治疗的核心部分，是抑郁症的循证治疗（Nezu et al., 2015）。在一些研究中，接受问题解决治疗的人自杀意念或行为有所减少

（Brown & Jager-Hyman, 2014）。更多信息请参阅《问题解决治疗：治疗手册》（*Problem-Solving Therapy: A Treatment Manual*; Nezu et al., 2013）。

> **孤独的寡妇**
>
> 有些日子，79岁的吉塞拉（Gisela）几乎不想起床，更不用说离开公寓了。对她来说，痛苦似乎是无法改变和避免的，她认为自杀是必然的。她独自住在辅助生活公寓（assisted-living apartment）。她的丈夫在他们结婚56年后，于7个月前去世了。吉塞拉的两个儿子住在加利福尼亚州，离她所在的佛罗里达州的公寓很远。她还在世的一个同胞姊妹住在德国。吉塞拉的生活缺乏条理，也缺少与他人的互动。
>
> 吉塞拉与哀伤治疗师一起使用问题解决方法确定了她的关键挑战（第一步）。这个过程帮助她意识到，哀伤并不是她唯一的问题。另一个问题是社会隔离。吉塞拉和哀伤治疗师一起头脑风暴，想出了可能让她更好地应对的方法（第二步）。关于丧亲之痛，她的选择包括：加入老年中心的寡妇和鳏夫支持小组；继续进行哀伤治疗；加入哀伤者的在线聊天群；阅读关于哀伤过程的自助书或使用工作簿。关于社交隔离，她可以更频繁地给儿子们打电话；去餐厅吃饭；参加所在楼层的桥牌小组；通过公寓的一个项目，志愿担任高中生的科学导师。吉塞拉与哀伤治疗师一起检查了每个选项的利弊（第三步），然后选择了目前看来最好的选项（第四步）：加入每周1次的哀伤小组，参加个人咨询，隔天去餐厅吃饭1次。她将在接下来的几周内尝试这些方法（第五步），然后评估（第六步）这些方法是不是好的解决方案，或者是否应该尝试其他方法。

参 考 文 献

Brown, G. K., & Jager-Hyman, S. (2014). Evidence-based psychotherapies for suicide prevention: Future directions. *American Journal of Preventive Medicine, 47*(3), S186−S194.

Nezu, A. M., Nezu, C. M., & D'Zurilla, T. (2013). *Problem-solving therapy: A treatment manual.* New York, NY: Springer.

Nezu, A. M., Greenfield, A. P., & Nezu, C. M. (2015). Contemporary problem-solving therapy: A transdiagnostic intervention. In C. M. Nezu & A. M. Nezu (Eds.), *The Oxford handbook of cognitive and behavioral therapies* (pp. 160−171). New York, NY: Oxford University Press.

Reinecke, M. A. (2006). Problem-solving: A conceptual approach to suicidality and psychotherapy. In T. E. Ellis (Ed.), *Cognition and suicide: Theory, research, and therapy*(pp. 237−259). Washington, DC: American Psychological Association.

技巧63： 完善未来计划和目标

"没有目标，就没有希望。"

(Kondrat & Teater, 2012, p.7)

无论痛苦、损失或绝望会如何刺激一个人想死的愿望，自杀本质上是一种希望危机。如果有自杀倾向的人能相信生活会变得更好，那么自杀就会失去吸引力。希望不仅是自杀的对策，还是自杀的对立面。建立希望的策略就是帮助人们专注于（或制定）有意义的未来计划和目标（Jobes, 2016）。

研究表明，希望来自三个实用组成部分：目标、实现目标的途径以及一种能成功的能力和胜任感（Snyder, 2000）。希望引发行动，行动继续带来更多的希望。因此，与有自杀倾向的人一起探索的领域就是他们拥有但尚未实现的计划、目标和梦想。有心理学家（Ellis & Newman, 1996）称之为"未完成事项清单"（p.64）。他们建议，有自杀倾向的人"持续关注生活中未完成事项的想法非常好，因为它给了你追求的目的和目标"（p.65）。遵循这一思路，请对方确定他们现在或过去对生活中重要领域的需求：职业、家庭、爱情、友谊、休闲（如旅行）、健康和健身以及个人成长（McDermott & Snyder, 1999）。然后让对方按照重要性顺序来确定目标的优先等级。

仅有目标是不够的。如上所述，要让一个人充满希望，他们还必须看到实现目标的途径。帮助这个人确定实现每个目标所需的行动。根据希望理论（Snyder, 2000），即使是很小的步骤也能产生一种能力和胜任感，这是希望蓬勃发展所必需的第三要素。指导有自杀倾向的人识别潜在的障碍以及他们将如何克服这些障碍。帮助他们确定关于实现目标的能力的现实应对陈述（技巧69）。你可以使用认知行为治疗（技巧68）中的问题引出这些应对陈述，例如，"你会对一个和你有相同目标但遇到困难的朋友说什么？"

设定一个目标，任何目标，无论多小，都可以建立希望。实现这一目标可以建立更多的希望。有自杀倾向的人迫切需要这种希望。因此，精神病学家（Chiles & Strosahl, 2005）建议向有自杀倾向的人提出以下问题："如果我们能选择一个小任务，如果你完成了它，就会表明情况稍微好了一点，那会是什么？"（p.106）。

"我知道这听起来很老套，但……"

53岁的麦克（Mack）向后靠在椅子上，他摊开双手，摇了摇头。他在回答"你的希望和目标是什么？"这个简单的问题时说，"我什么都没有。"

"好吧，让我问你一件事，"执业护士拉托娅（Latoya）说，"在你感觉如此糟糕以至于做出自杀决定之前，你的希望是什么？"

"我可以回答这个问题，"麦克说，"我想开一家文身店。我厌倦了给文身店的老板打工。我希望遇到一个好女人。我知道这听起来很老套，但……爱。我也渴望爱。"

"这些都是非常重要的希望，"拉托娅说，"后来发生了什么？"

"它们变得不可能了，"麦克说，"希望是痛苦的。"

"我能理解这一点。有点像是在一个饥饿的人面前挥舞他不能吃的食物？"

麦克说："是的，就像那样。如果我确定不能拥有它，我就不该去想拥有它。我知道我不能拥有——爱，钱，我自己的文身店。我的生活一团糟。"

拉托娅问道："你就那么强烈地感觉这些不会发生吗？如果你不是那么确信这不可能，你还会想拥有自己的文身店吗？"

"如果我认为这是可能的，是的。我会想要，"麦克说。

"如果你不那么确信没有希望，你会做什么样的事情？"她问道。

这让麦克和他的护士走上了一条可能的道路，麦克阐述了为了实现目标，他需要做的不同的事情——出售摩托车、偿还债务以及其他工作。在护士的鼓励下，他描述了他所希望的关系、对方会有什么样的品质以及如何尝试去遇见某人。

"所以，这些都是重要的大目标，"拉托娅说，"有远大的希望并为之努力是很好的。我还很好奇你有什么小的目标。"

虽然麦克之前说"我什么都没有"，但现在他能够想出更小的目标。比如，再次与他的一位陆军朋友联系；每天带他的狗布基（Bucky）去散步；参加匿名戒麻醉品者协会（Narcotics Anonymous, NA）的会议。

无论大小，麦克都在制订目标和计划。这些行为给了他希望。

参 考 文 献

Chiles, J. A., & Strosahl, K. D. (2005). *Clinical manual for assessment and treatment of suicidal patients*. Washington, DC: American Psychiatric Publishing.

Ellis, T. E., & Newman, C. F. (1996). *Choosing to live: How to defeat suicide through cognitive therapy*. Oakland, CA: New Harbinger Publications, Inc.

Jobes, D. A. (2016). *Managing suicidal risk: A collaborative approach* (2nd ed.). New York, NY: Guilford Press.

Kondrat, D. C., & Teater, B. (2012). Solution-focused therapy in an emergency room setting: Increasing hope in persons presenting with suicidal ideation. *Journal of Social Work, 12*(1), 3–15.

McDermott, D., & Snyder, C. R. (1999). *Making hope happen: A workbook for turning possibilities into reality*. Oakland, CA: New Harbinger Publications, Inc.

Snyder, C. R. (2000). Hypothesis: There is hope. *In Handbook of hope: Theory, measures, and applications* (pp. 3–21). San Diego, CA: Academic Press.

技巧64: 使用希望工具包

"简单地说，治疗有自杀倾向的人就是为了促进希望。"

(Joiner et al., 2009, pp.192–193)

希望工具包（hope kit）是一个盒子或其他容器，有自杀倾向的人可以用它来提醒自己，为什么活着是值得的。作为预防自杀的认知疗法的核心成分（Wenzel et al., 2009），希望工具包有两个目的：促使人们想到重要的人、场所、宠物、目标和生活的其他方面；在危机时期，它可以帮助人们想起，在这个非常痛苦的时刻结束之后还有什么希望。

可以放进希望工具包的物品种类繁多。包括有意义的诗歌、歌词、励志语录、照片、卡片和信件。任何东西都可以，只要不会引发痛苦的情绪或糟糕的记忆。为了帮助来访者想出在希望工具包中放些什么，可以提出一些问题，了解现在和未来的生存理由。

- "是什么希望支撑着你？……你希望做什么事情？……你想去什么地方？"
- "什么样的照片、文字、纪念品和其他物品能让你想起支撑你活到现在的动力？"
- "什么样的东西可以成为你未来希望的象征？"

不管出于什么理由，有些人可能不想制作希望工具包。在这种情况下，心理学家温泽尔及同事（Wenzel et al., 2009）建议使用拼贴簿、贴画或网页等替代品。在一个案例中，一个青少年创造了"希望之鞋"：她装饰了一双高帮运动鞋，提醒自己生命的意义（Wenzel et al., 2009）。希望工具包的实际类型并不重要。相反，这项技术的价值在于激励人们寻找希望的理由，并保持对这些希望的提醒，让他们可以时刻回顾。即便对方拒绝以任何方式制作希望工具包，依然可以问问他，如果他们选择制作希望工具包，里面可以有什么实物提醒，这也是有意义的。

有相关的应用程序！

手机、平板电脑和电脑都有希望工具包App。一些App允许人们将喜爱的照片、视频、歌曲、支持信息和励志语录存储在一个地方。还包含不同的活动，以提供注意转移、激励、放松和应对工具（Bush et al., 2015）。

如果这个人想不到任何东西怎么办？

绝望可能表现为一个事实，而不是一种感觉。有自杀倾向的人毫无疑问地相信——不，他们"知道"——没有什么可以期待的。至少，这是他们的内心体验。如果一个人想不出任何有希望的东西，那就共情并探索他们的绝望感。让他们知道，尽管感到绝望，但你对他们抱有希望，相信他们迟早会重拾梦想、目标和希望。如果你对这个人没有任何希望，请挑战你的绝望（技巧6）——独立完成或是在治疗师或顾问咨询师的帮助下进行（技巧43）。

有事可做，有事可盼

47岁的格兰杰（Granger）在陷入绝望的黑暗流沙时，常常渴望做些具体的事情来帮助自己爬出来。他讨厌那种等待绝望来决定命运的感觉，仿佛他被绝望摆布。当咨询师跟他说要做一个希望工具包时，这个想法给了他一丝希望。这让他能够做一些有建设性的事情，无论是制作工具包，还是在绝望的时候回顾他的创作。

在结束治疗回家的路上，他在一家五金店买了一个很大的红色塑料工具箱。一到家，他就开始工作。他翻遍了自己的抽屉和柜子，寻找纪念品，浏览了大量的电子邮件，打印出对他意义重大的照片，还考虑了咨询师提出的其他问题:"当在你想自杀的时候,你想要提醒自己什么?什么样的灵感可以帮助你找到一线生机?"

在这个项目上花了相当多的时间后,格兰杰把一些东西放进了他的希望工具包里:

- 他妹妹和她的孩子的两张照片。
- 他的狗丘伊(Chewy)的第一个项圈和名牌。
- 他从寄语饼*中摘录了几句语录:"想象未来的自己,并让他变得更好。""没有梦想,你就不能实现梦想。""重新开始。一次又一次。"
- 去年冬天去帕克城滑雪的通行证。
- 皇后乐队的歌曲《不要尝试自杀》(Don't Try Suicide)的歌词。
- 一张在约塞米蒂公园马里波萨谷巨杉林的巨杉的照片,他希望有一天能去那里参观。

在把他的希望工具包准备好2天后,格兰杰又一次陷入了黑暗的旋涡。自杀的想法诱惑着他。他决定试着看看他的新希望工具包。在卧室柔和的光线下,他发现,翻看箱子让他找到了一些有建设性的事情,并且有了希望。

---

* 在美国的中国饭店,都备有一种叫作"Chinese fortune cookies"的小饼干。饼干中间包着一张小纸条,上面写着寄语。——译者注

参 考 文 献

Bush, N. E., Dobscha, S. K., Crumpton, R., Denneson, L. M., Hoffman, J. E., Crain, A., ... & Kinn, J. T. (2015). A virtual hope box smartphone app as an accessory to therapy: Proof-of-concept in a clinical sample of veterans. *Suicide and Life-Threatening Behavior, 45*(1), 1-9.

Joiner, T. E., Jr., Van Orden, K. A., Witte, T. K., & Rudd, M. D. (2009). *The interpersonal theory of suicide: Guidance for working with suicidal clients*. Washington, DC: American Psychological Association.

Wenzel, A., Brown, G. K., & Beck, A. T. (2009). *Cognitive therapy for suicidal patients: Scientific and clinical applications*. Washington, DC: American Psychological Association.

技巧65： 突出优势

"利用一个积极框架来促进对优点和长处的理解，而不是审视缺点和短处……这对于自杀干预疗法具有巨大的潜力。"

（Surgenor, 2015, p.12）

有自杀倾向的人常常会经历选择和记忆的逐渐缩窄（技巧66）。他们无法看到全貌，不仅看不全自杀之外的选择，而且看不全自己的各个方面。他们对成功、幸福和积极属性的记忆可能变得过于笼统或完全消失。你的部分任务就是帮助拓宽他们的视野。

如果一个人认为自己没有优点，那么很重要的是要共情这样的感觉是多么痛苦。同时，仍然持怀疑的态度。每个活着的人都有某种形式的优点，否则他们就不会活着了。恰当的提示和富有洞察力的问题可以让有自杀倾向的人看到他们忽视的个人品质。

聚焦于解决方案的问题关注应对和生存的个人能力（De Shazer & Dolan, 2007）。

- "你是如何应对正在经历的一切的？"
- "你做了什么，阻止了情况变得更糟？"
- "你是如何在自杀的想法中活下来的？"
- "回想一下你曾有过自杀想法的其他时候，是什么帮助你克服了这些想法？"

探索优势的另一个途径是让这个人完成一份正式的问卷。一个相关资源是"优势行为价值调查（Values in Action Survey）"。该调查包含120个问题，涵盖了24种性格优势，如创造力、热爱学习、坚持不懈、善良、公正、谦逊、幽默和感恩。完成调查大约需要15分钟，因此这是一个理想的家庭作业，治疗师可以在下次见面时与来访者一起回顾。

> ### "我一无是处"
>
> 后悔和批评充斥着达利普（Dalip）的脑海。"我不该对我妻子发脾气。""我不该批评儿子的艺术作品，我伤害了他。""我不是一个好儿子。"即使是一些小细节也没有逃过他的批评："我忘了取出可以回收利用的东西。我真是个失败者。"当精神科护士让他说出一些自己的优点时，他回答说，"我什么也没有，没有任何优点。如果我死了，他们每个人都会过得更好。"
>
> "太痛苦了，"护士说，"你的想法对自己很不友好，我们会讨论更多的处理方式。但现在，我想了解你的一些优点。"
>
> "我真的想不出来，"47岁的达利普说。
>
> "嗯，我看到的一点是，你关心他人。你对自己的批评主要围绕着你让别人失望。"
>
> "我确实很努力，"达利普说，"我确实想做一个好人，但我太失败了。"
>
> "我也想听听这些经历，但现在我更想听听，在你心目中，你是否曾经成功地'做一个好人'，"护士问，"那是什么样子的？"
>
> "我对我的朋友们很好。总是愿意帮助他们。我帮助隔壁的邻居，一位去年丧夫的老年妇女。并且……"达利普停顿了一下。
>
> "然后……"护士温和地说。
>
> 他继续说了下去。

参 考 文 献

De Shazer, S., & Dolan, Y. (2007). *More than miracles: The state of the art of solution-focused brief therapy*. New York, NY: Haworth.

Surgenor, P. W. (2015). Promoting recovery from suicidal ideation through the development of protective factors. *Counselling and Psychotherapy Research*, *15*(3), 207−216.

第十二章

借鉴认知行为策略

技巧66：将自杀想法与其他想法联系起来

"与有相同诊断和症状严重程度但没有自杀倾向的人相比,有自杀倾向的人在认知上可能是不同的。"

(Ellis, 2006, p.370)

无论自杀意念伴随何种痛苦情绪,死亡意图本质上都是一种认知现象(Rudd, 2000)。这些人认为,至少在某种程度上,事情永远不会好转。在这种绝望的情形下,有自杀倾向的人往往认为自己不值得被爱、无助、是他人的负担,且无法再忍受痛苦情绪(Rudd, 2004)。还有一些思维模式也是具有自杀倾向的个体的特征,包括认知受限、认知歪曲、自传体记忆过度概括、完美主义和问题解决能力弱(Ellis, 2006)。

认知行为理论认为,这些思维模式会强烈影响人们的情绪和行为(Beck, 2011)。这引发了一种动态循环:想法影响情绪和行为,又受到情绪和行为的影响。本章的其他技巧描述了一些方法,可以帮助有自杀倾向的人挑战、改变或以不同方式应对导致自杀的想法。但首先,识别和理解这些模式很重要,因此本节对每一种模式作了简要描述。

认 知 受 限

认知受限在有自杀倾向的个体中尤其常见，它类似于马匹的眼罩：来访者的视野缩小了（Shneidman, 1996）。他们无法看到自己的处境、解决问题和减轻痛苦的所有可能性。技巧61阐述了如何帮助来访者拓宽视野。

认 知 歪 曲

认知歪曲是来访者的思维中出现半真半假或遗漏错误。包括夸大、否认、过度概括和全或无思维（Burns, 1999）。尤其在压力大的时期，这些歪曲往往会滋生焦虑、绝望和其他痛苦情绪。技巧67进一步描述了认知歪曲，技巧68则描述了可用的补救措施。

自传体记忆过度概括

记忆是会出错的。来访者可能会忘记他们忍受苦难并取得胜利以及他们成功解决问题的时刻——那些可以在当前给他们带来希望的时刻。这在有自杀倾向的个体中尤为明显（Richard-Devantoy et al., 2015）。即使他们确实记得那些也许可以抵消绝望感的事件，这些记忆也往往是模糊或过度概括的（Williams et al., 2006）。技巧65提供的问题可以帮助来访者利用过去的经历来解决问题，并对未来充满希望。

完 美 主 义

俗话说，"人无完人"，但有些人无论如何都希望自己是完美的。他们坚持用高标准要求自己，并在未能达到预期时苛责自己，或者觉得有必要达成他人对他们提出的高得离谱的标准（Flett et al., 2014）。完美主义往往会激起无价值感、羞耻感和与他人的疏远感，并增加自杀风险（Flett et al., 2014）。挑战破坏性思维过程的技巧可以帮助人们更加现实，并且更慈悲地思考（技巧68—70）。

问题解决能力弱

许多有自杀想法的人的问题解决能力有所欠缺（Pollock & Williams, 2004）。他们看不到，更不用说尝试不同的方法来改善处境了。即便真的努力去解决问题，有自杀倾向的人也比没有自杀倾向的人更倾向于使用回避、否认和极端的解决方案（Orbach et al., 1990）。如果不能灵活思考潜在的解决方案，来访者就可能真的看不到自杀之外的其他选择。帮助他们探索自杀的问题解决本质（技巧60）、头脑风暴（技巧61）和遵循问题解决的方法（技巧62）可以培养他们问题解决的技能。

详述：认知行为治疗

认知行为治疗（Cognitive Behavior Therapy, CBT）基于几个前提（Beck, 2011）：思维强烈影响我们的行为和反应。思维往往不够准确或不够有帮助。改变来访者的思维可以改变他们的情绪、行为和其他相关思维，如自杀意念。

这也许听起来很明显。但是来访者倾向于认为，是生活中的事件和环境——而不是他们对这些事件和环境的想法——直接决定了他们的感受和行为。此外，当这些认知长期存在，并且是他们如何看待自己、看待世界和看待未来的根本要素时，要改变思维就特别不容易（Beck et al., 1979）。

迄今，已有数百项研究证明了CBT能有效应对抑郁、焦虑、一般性压力和暴食症等广泛的情绪问题（Hofmann et al., 2012）。在专门针对考虑或尝试过自杀的成年人所进行的CBT的研究中，与对照组相比，接受CBT的人在18～24个月内的自杀尝试率降低了50%～60%（Brown et al., 2005; Rudd et al., 2015）。

CBT为改变有自杀倾向的人的生活带来了很多希望。本书的许多技巧都来自CBT：识别认知歪曲（技巧67）、挑战破坏性想法（技巧68）、创建应对陈述（技巧69）、重写自杀意象（技巧70）、创建希望工具包（技巧64）、解决认知受限（技巧61）、教授问题解决的方法（技巧62）、使用行为激活（技巧76）、开展行为链分析（技巧79）以及完成复发预防方案（技巧87）。

本书并未将提及的各种CBT技巧整合成一套循证方案。这种方案在《自杀患者的认知治疗》一书中有所描述（Wenzel et al., 2009）。

参 考 文 献

Beck, A. T., Rush, A. J., Shaw, B. F., & Emery, G. (1979). *Cognitive therapy of depression*. New York, NY: Guilford Press.

Beck, J. S. (2011). *Cognitive behavior therapy: Basics and beyond* (2nd ed.). New York, NY: Guilford Press.

Brown, G. K., Ten Have, T., Henriques, G. R., Xie, S. X., Hollander, J. E., & Beck, A. T. (2005). Cognitive therapy for the prevention of suicide attempts: A randomized controlled trial. *JAMA, 294*(5), 563–570.

Burns, D. D. (1999). *The feeling good handbook* (revised ed.). New York, NY: Plume.

Ellis, T. E. (2006). Epilogue: What have we learned about suicide and cognition and what more do we need to know? In T. E. Ellis (Ed.), *Cognition and suicide: Theory, research, and therapy* (pp. 369–380). Washington, DC: American Psychological Association.

Flett, G. L., Hewitt, P. L., & Heisel, M. J. (2014). The destructiveness of perfectionism revisited: Implications for the assessment of suicide risk and the prevention of suicide. *Review of General Psychology, 18*(3), 156–172.

Hofmann, S. G., Asnaani, A., Vonk, I. J., Sawyer, A. T., & Fang, A. (2012). The efficacy of cognitive behavioral therapy: A review of meta-analyses. *Cognitive Therapy and Research, 36*(5), 427–440.

Orbach, I., Bar-Joseph, H., & Dror, N. (1990). Styles of problem solving in suicidal individuals. *Suicide and Life-Threatening Behavior, 20*(1), 56–64.

Pollock, L. R., & Williams, J. M. G. (2004). Problem-solving in suicide attempters. *Psychological Medicine, 34*(1), 163–167.

Richard-Devantoy, S., Berlim, M. T., & Jollant, F. (2015). Suicidal behaviour and memory: A systematic review and meta-analysis. *The World Journal of Biological Psychiatry, 16*(8), 544–566.

Rudd, M. D. (2000). The suicidal mode: A cognitive-behavioral model of suicidality. *Suicide and Life-Threatening Behavior, 30*(1), 18–33.

Rudd, M. D. (2004). Cognitive therapy for suicidality: An integrative, comprehensive, and practical approach to conceptualization. *Journal of Contemporary Psychotherapy, 34*(1), 59–72.

Rudd, M. D., Bryan, C. J., Wertenberger, E. G., Peterson, A. L., Young-McCaughan, S., Mintz, J., ... & Wilkinson, E. (2015). Brief cognitive-behavioral therapy effects on post-treatment suicide attempts in a military sample: Results of a randomized clinical trial with 2-year follow-up. *American Journal of Psychiatry, 172*(5), 441–449.

Shneidman, E. S. (1996). *The suicidal mind*. New York, NY: Oxford University Press.

Wenzel, A., Brown, G. K., & Beck, A. T. (2009). *Cognitive therapy for suicidal patients: Scientific and clinical applications*. Washington, DC: American Psychological Association.

Williams, J. M. G., Barnhofer, T., Crane, C., & Duggan, D. S. (2006). The role of overgeneral memory in suicidality. In T. E. Ellis (Ed.), *Cognition and suicide: Theory, research, and therapy* (pp. 173–192). Washington, DC: American Psychological Association.

技巧67： 关于认知歪曲的教育

"想法和事实不一样。你认为某件事是真的，并不一定意味着它就是真的。"

(Leahy, 2003, p.13)

认知行为治疗的一项基本任务是帮助来访者认识到，想法可能以什么方式误导了他们。每个人的想法都在某种程度上反映了对现实的歪曲，这在有自杀倾向的个体中往往更常见（Jager-Hyman et al., 2014）。当有自杀倾向的人能够识别出想法歪曲事物的方式时，他们就能更好地对引发自杀愿望的想法做出不同的反应（技巧68—72）。根据心理学家伯恩斯（Burns, 1999）和朱迪丝·贝克（Judith Beck, 2011）的研究，本节将常见的认知歪曲描述如下。

全或无思维

仅凭两种极端可能性——好或坏，完美或失败，总是或永不——做出判断，而不考虑两极对立之间的多个不同层级。例如："如果不成功，那我就一文不值。""唯一的选择就是过着悲惨的生活，或者死去。"

过度概括

过度概括指的是将一条证据视为不可避免的模式。例如："我尝试了一种抗抑郁药但没有效果，所以没有药物可以帮助我感觉更好。"

情绪化推理

完全相信"感觉（feels）"真实的东西，而不怀疑是否的确"是（is）"真实的。例如："我觉得我不配活着，所以这是真的，我就是不配活着。"

预判命运

自认为知道自己再也不会感觉良好，会永远孤独，或其他负面预测。没有人知道未来。除了极少数例外，负面预测都是信念，而非事实。例如："生活不会变得更好。""这种痛苦永远不会结束。"

灾难化

这是一种全或无思维与预判命运的结合，指预测可怕的结果，而不考虑没那么可怕的可能性。例如："因为我患有双相情感障碍，我最终会孤苦伶仃，流落街头。"

忽略积极因素

在评估自己的经历、行为、记忆和个人品质时，只看到糟糕的一面。例如："我从来没有快乐过。即使我以为有过，我也是受了蒙骗。""我是个失败者。我的成功只是侥幸。"

贴标签

将笼统的标签贴在自己或他人身上，而不考虑人的复杂性和多维性。该标签可能忽略了他们重要的品质和经历。例如："我是一个失败者。"

夸大或缩小

这种认知歪曲通常涉及放大消极品质并最小化积极品质。还有一种情况是最小化自己行为的影响。例如："我自杀没什么大不了的。我父母的生活会继续。"

"应该"或"必须"陈述

理性情绪疗法创始人、杰出的心理学家埃利斯（Ellis）建议，"停止对自己使用'应该'"（Ellis & Velten, 1992）。人们会将不切实际或苛刻的期望强加给自己，埃利斯称之为"必须强迫症（musterbation）"。他的启发性观点捕捉到了许多人对自己或他人的严格期望所具有的严苛和痛苦的本质。例如："我不应该需要帮助。""我绝不能哭。"

个 人 化

许多来访者认为其他人一直在评价和回应他们，即使完全没有证据证明这一点。又或者，即使他们的作用可以忽略不计，他们仍然认为自己对发生的坏事负有责任。例如："我的精神科医生因为我而心情不好。""当糟糕的事情发生时，都是我的错。"

注 意 事 项

消极、痛苦的想法并不总是认知歪曲。举个例子，一个女人哭诉她做了一件很糟糕的事，告诉你她前一天晚上殴打了她的伴侣。在这个例子中，她确实做了糟糕的事,而有帮助的做法是学习如何防止暴力再次发生,并在可能的情况下做出补偿。这并不意味着她很糟糕、不讨人喜欢或者注定永远有暴力倾向——如果她告诉自己这些,那么这些就是认知歪曲。当想法准确地反映了现实时,注意不要贬低或否定来访者的合理担忧。因难以接受的真相而产生的悲伤和其他痛苦情绪也是如此。例如,一个被诊断为晚期癌症的人说自己很快就会死去,这并不是认知歪曲的体现。想让对方振作起来将是徒劳。相反,倾听、共情、探索并帮助他们确定可以做些什么来应对,比如从他们的经历中找到意义、投入日常生活、接触他人,或是其他建设性的事情。

"如果的确是这样……"

当马修(Matthew)的首选大学拒绝了他的申请时,他感到非常震惊。"我是个失败者,"这位17岁的年轻人说,"我将永远一事无成。"

在以反思性倾听和共情回应他的痛苦处境后,学校的社工给了他一份描述思维错误的讲义,然后他们一起检查了清单。她肯定地告诉他,这些思维错误很常见,这样他就不会因为没有"更好地思考"而责备自己。

"让我们回到你之前说的,"她说"你说你是个失败者,将永远一事无成。我知道这种感觉对你而言很真实。但你是否看到任何思维错误?"

马修低头看着清单。"好吧,我想我称自己为失败者是在给自己贴标签。但如果的确是这样……"

"我明白,"社工说,"在你看来,这个标签似乎很合适。那么,给自己贴上'失败者'的标签有没有可能忽略了你成功的方面?"

"我想是的,"马修说,"那如果是你,你会怎么想呢?"

"你没能进入想进的大学,和简单地说你是一个失败者,会不会感觉有所不同?"

"我想是的。事实的确很糟糕,但并不那么令人沮丧。就好像,即使我在一件事上失败了,也并不意味着我会在所有事情上都失败。"

"完全正确,"她说,"所以,考虑到这一点,说自己将永远一事无成,有没有思维错误?"

"我猜这是在预判命运。我的确不知道会发生什么,不是吗?"还没等到回应,马修就知道了答案。

参 考 文 献

Beck, J. S. (2011). *Cognitive behavior therapy: Basics and beyond* (2nd ed.). New York, NY: Guilford.

Burns, D. D. (1999). *The feeling good handbook* (revised ed.). New York, NY: Plume.

Ellis, A., & Velten, E. (1992). *Rational steps to quitting alcohol*. Fort Lee, NJ: Barricade Books.

Jager-Hyman, S., Cunningham, A., Wenzel, A., Mattei, S., Brown, G. K., & Beck, A. T. (2014). Cognitive distortions and suicide attempts. *Cognitive Therapy and Research, 38*(4), 369−374.

Leahy, R. L. (2003). *Cognitive therapy techniques: A practitioner's guide*. New York, NY: Guilford Press.

技巧68: 帮助挑战消极想法

"治疗师的主要任务是帮助来访者想出对消极认知的合理反应。"

(Beck et al., 1979, p.164)

自我贬低、绝望和其他破坏性想法通常会助长或加剧自杀的心理状态。根据认知行为治疗（CBT）的理论，改变想法可以引发连锁反应，带来感受和行为的改变。随着来访者改变根深蒂固的消极思维方式，他们可以感觉更好，对未来更有希望，自杀冲动也会减少（Beck et al., 1979）。

一般来说，有两种方法可用于处理与自杀意念相关的破坏性想法。在传统CBT中，解决的办法是帮助来访者改变想法，用更健康、更现实的自我对话取代破坏性想法。在被认为是CBT新浪潮的、基于接纳的方法中，做法是帮助来访者有意识地观察自己的悲观、绝望和其他破坏性想法，而不去相信或过度重视它们。当前的技巧整合了传统的CBT方法。

首先引导来访者识别引发情绪和行为的痛苦想法。接下来，让来访者评估这些想法是否具有真实性和建设性。如果没有，就努力改变想法。这个过程被概括为"3C"：找到（catch）想法，检查（check）想法，改变（change）想法（Granholm et al., 2004）。

找到消极的想法

来访者往往难以识别导致情绪、行为和进一步想法（如自杀意念）的想法。不断提出一些问题，将情绪和行为与先于二者或伴随而生的想法联系起来，可以帮来访者"抓住"这些想法。一些有用的问题如下。

- "在你有这种感受之前，你对自己说了什么？"
- "当你感到非常绝望的时候，你还在想或想象什么？"

- "是什么想法让你那样做,或有那样的感受?"

随着时间的推移,治疗师会重复问来访者同样的问题,将想法与情绪和行为联系起来会变得更加自然。

检查想法的有效性和实用性

引导来访者检查消极的想法和信念是否准确。质疑来访者想法的真实性,这个行为虽然简单,但可能具有治疗作用。它引导来访者将想法视为会出错的,而不是毫无争议的事实。以下是一些判断想法是否真实的问题(Beck, 2011)。

- "那个想法是事实还是信念?"
- "有什么证据表明你告诉自己的就是真的?"
- "有什么证据表明你告诉自己的不是真的,或者只有部分是真的?"

来访者告诉自己的那些令人痛苦的事情可能是现实的,但并没有什么帮助。焦虑的想法就是一个很好的例子。有些人反复思考可能降临在自己身上的一连串可怕的事情,试图通过这种方式来帮助自己,但这种努力是徒劳的。如果最坏的情况真的发生了,他们可能将做最坏的打算视为一种缓冲痛苦的方法。以下问题可以帮助判断来访者的思维方式是否有用。

- "告诉自己这些对你有什么帮助?"
- "它是怎么伤害你的?"
- "总的来说,告诉自己_____对你有用吗?"
- "如果你不再对自己说这么多,对你来说会有什么不同?"

请记住,痛苦的想法也可能是对现实问题的健康且富有建设性的回应。技巧67举了一个女人的例子,她认为殴打伴侣是一件很糟糕的事情。在对她的内疚和后悔进行了探索并共情之后，恰当的问题可能是："现在怎么办？或者说，你能做些什么来解决这个问题？"解决问题、改变行为、进行弥补和原谅自己都是可能的选择。当创伤和损失引发痛苦但现实的想法时，来访者通常需要克服悲伤、提高应对技能并练习接纳自己的情绪。

改 变 想 法

如果来访者的消极想法是不真实的或无益的，那么"3C"的下一步就是改变它们。可以问一些旨在引发不同想法和信念的问题（Ellis & Newman, 1996; Beck, 2011）。

- "看待这个问题的另一种方式是什么？"
- "如果你所爱或关心的人遇到同样的问题，你会对他们说什么？"
- "如果没有任何认知歪曲，你会怎么向自己说明这个问题？"

帮助来访者纠正认知歪曲，可以引发更现实和灵活的思维方式。技巧67提供了一个挑战给自己贴上"失败"标签的青少年的例子。"给自己贴上'失败'的标签是否有可能忽略了你并不是'失败者'的可能性？"可以通过提出来访者过分强调、最小化或完全忽略的问题，来挑战其他的认知歪曲。例如，针对那些对未来进行全或无思考（即灾难化）的人，心理学家朱迪丝·贝克（Judith Beck, 2011）提出了一些旨在遏制恐惧的问题。

- "可能发生的最坏的情况是什么？"
- "可能发生的最好的情况是什么？"
- "在0到100%的范围内，最坏的情况发生的可能性有多大？"
- "可能会发生什么？"
- "如果最坏的情况发生了，你能做些什么来应对？"

在帮助来访者改变想法时，要强调自我慈悲。严厉的和惩罚性的自我对话通常是有自杀想法和行为的人的典型特征（MacBeth & Gumley, 2012）。以下问题可以帮助引出富有慈悲的回应。

- "如果你关心的某个人和你处在同样的处境，并且想通过自杀来结束生命，你会对他说什么？"
- "你希望有人对你说什么，可以让你感到安慰、安心或有希望？……你能这样对自己说吗？"

注 意 事 项

　　CBT不是关于积极地思考，而是现实地思考。这种立场与流行文化中许多励志演说家的立场背道而驰，他们声称，积极肯定重复得足够多就会成真。但告诉自己一些不真实的事情，哪怕是积极的，也会让消极的想法变得更强。例如，假设一位觉得自己有严重缺陷的女性，采取了一种告诉自己她很完美的应对方式。理想与现实之间的差距会引起内心的抗议："别胡说八道。你并不完美，这就是为什么……"一个现实且适应的方法是告诉自己，"我是人，我有很多优点。但人无完人。"

　　另一个需要注意的是，单靠逻辑并不能带来情绪治愈。用一种完全理性或理智的方法与来访者的心理痛苦工作可能是无效的，就好像试图说服来访者摆脱他们的情绪一样。CBT技术始终要建立在基本的咨询技巧之上，例如共情、反思和情绪认可（Corey, 2015）。

　　还要记住，来访者对自己的控诉在他们的感受中都是真实的。告诉来访者他们是错的，很少能带来改变。让他们认识到哪些想法是不真实的、不切实际的或无益的，将更有意义。为了帮助来访者自己得出真相，需要精心设计一些洞中肯綮的问题，引导他们以更现实的方式思考，而不是告诉他们"正确的"思考方式。

　　最后，事先告知来访者，改变想法并不是一个快速容易的过程。想想一个60岁的男人，每当感到悲伤时，他都会告诉自己："我是脆弱的。"这么多年来，他可能已经对自己重复了成千上万次。即使确定了替代信息（如"悲伤是一种正常的人类情绪"），即使对自己重复新信息1次、2次甚至100次，也可能不会带来持久的改变。就像学习一门新的语言或一种新的乐器一样，采用一种新的思考方式需要练习和重复。

"我会告诉他们，你不是'瘾'"

44岁的托瓦（Tovah）多年来一直挣扎于酗酒的问题。她在康复中心住院治疗过几次，也尝试了嗜酒者互诫协会（Alcoholics Anonymous, AA）的一些策略。她反复经历戒酒和复发的循环，次数多得数不过来。最近一次复发出现在戒酒22个月后。她憎恨地说自己："我永远戒不掉了。""我摆脱不了它。""我不配活着。"

"我很好奇你对'永不'这个词的使用，"康复中心的成瘾咨询师埃斯特凡（Estefan）对她说，"我想知道，你怎么确定永远戒不掉了？"

"我想我并不能确定，"托瓦说，"但我就是这么感觉的。"

"你感到非常沮丧，"埃斯特凡说，"我能理解你因为酗酒而体验到的这一切。不过我也想知道，告诉自己'永远戒不掉了'如何帮助你戒酒？"

托瓦微微笑了，"并不会。讽刺的是，我觉得这就是我喝酒的原因——让自己闭嘴。"

在接下来的几天里，托瓦在康复治疗中与埃斯特凡一起仔细探讨了她对自己的控诉、这些控诉给她带来的感受，以及，如果她不那么坚信这些自我控诉，她的生活可能会有怎样的不同。她在自己的思维中发现了几种认知歪曲：贴标签、预判命运、全或无思维和情绪化推理。这些练习帮助她稍微远离了之前的想法。

"这帮我认识到我对自己不公平，"她说，"而且我知道在某种程度上，我告诉自己的可恨之事并不总是真实的。但就像我说的，它还是感觉很真实。"

"太痛苦了，"埃斯特凡说，"这就像你脑子里住着一个检察官，不是吗？他告诉你，你做的都是错的，没有一件事是对的。"

"真是这样，"托瓦说，"这个浑蛋总是抨击我，然后我总是感到内疚。"

"你有辩护律师吗？"埃斯特凡问道。

这个问题引起了托瓦的共鸣。"没有，"她说，"当然没有。但我真的需要一个。"

在一次治疗后的家庭作业中，她写下了别人可能会为她辩护的内容：她如何成为一个好母亲；她努力保持清醒的那些时间；很多没有被酒瘾影响的方面。更棒的是，每当她发现自己要自我攻击的时候，她就开始对自己说这些话。

托瓦做了大量练习，一段时间后，她能够更全面地看待自己了。当被问及她会对她关心的、有同样困扰的人说些什么时，她说："我会告诉他们，你不是'瘾'。你是一个'有瘾的人'。无论你做什么，都不要忽视'人'。"

参 考 文 献

Beck, A. T., Rush, A. J., Shaw, B. F., & Emery, G. (1979). *Cognitive therapy of depression*. New York, NY: Guilford Press.

Beck, J. S. (2011). *Cognitive behavior therapy: Basics and beyond* (2nd ed.). New York, NY: Guilford Press.

Corey, G. (2015). *Theory and practice of counseling and psychotherapy* (10th ed.). Boston, MA: Cengage Learning.

Ellis, T. E., & Newman, C. F. (1996). *Choosing to live: How to defeat suicide through cognitive therapy*. Oakland, CA: New Harbinger Publications, Inc.

Granholm, E., McQuaid, J. R., Auslander, L. A., & McClure, F. S. (2004). Group cognitive-behavioral social skills training for older outpatients with chronic schizophrenia. *Journal of Cognitive Psychotherapy, 18*(3), 265−279.

MacBeth, A., & Gumley, A. (2012). Exploring compassion: A meta-analysis of the association between self-compassion and psychopathology. *Clinical Psychology Review, 32*(6), 545−552.

技巧69： 引出应对陈述

"帮助来访者用功能性的自我陈述代替自我挫败的认知。"

(Hepworth et al., 2010, p.400)

谴责、惩罚和悲观的想法经常出现在自杀个体的脑海中："你不配活下去。""你永远不会感觉更好。""没有你，每个人都会过得更好。"应对陈述则相反。它们是安抚且现实的表达，来访者可以通过这样的方式让自己保持希望、抵制自杀冲动并感觉更好。

为避免给一些老生常谈的建议，治疗师需要引出来访者的应对陈述或帮助他们想出有特殊含义的表达。关键问题有助于从自杀个体那里引出应对陈述（技巧68）。

- "想一想你很爱或关心的人。如果他们想自杀，你会对他们说什么？"
- "你最希望别人现在对你说什么，以帮助你度过新的一天？"
- "当你告诉自己＿＿＿＿＿时，另一种看待它的方式是什么？关心你的人会怎么说？"

应对陈述必须反映现实（技巧68）。它们不同于肯定（affirmation），肯定往往反映了来访者想要成为的样子，而不是他们实际的样子。一厢情愿的应对陈述（如，一个抑郁和有自杀倾向的人说"我很快乐，满怀希望"）只会加重一个人的绝望感。愿望与现实之间的差距会带来伤害（Wood et al., 2009）。鼓励来访者选择在本质上是真实的应对陈述。

> **应对陈述的样例**
>
> 虽然治疗师不该指定应对陈述,但有些来访者可以通过样例获得帮助,只要他们清楚样例的内容仅供参考,并且可以拒绝。下面是一些样例。
> - 这会过去的。
> - 活在当下。
> - 我不会永远有这种感觉。
> - 我值得活着。
> - 生活能变得更好。
> - 自杀想法是一种症状,而不是解决方案。
> - 我是这么认为的,但并不意味着就是真的。
> - 我在不断进步。
> - 我不是真的想死。我想结束的是痛苦。
> - 我正在寻找其他方法来结束我的痛苦。
> - 不要相信你所想的一切。

参 考 文 献

Hepworth, D. H., Rooney, R. H., Rooney, G. D., Strom-Gottfried, K., & Larsen, J. A. (2010). *Direct social work practice: Theory and skills* (8th ed.). Belmont, CA: Brooks/Cole.

Wood, J. V., Perunovic, W. Q. E., & Lee, J. W. (2009). Positive self-statements: Power for some, peril for others. *Psychological Science, 20*(7), 860−866.

技巧70： 重写自杀意象

"自杀状态是头脑中的一出紧张戏剧。它会获益于'改编专家'、心理治疗师或咨询师出色的才能，他们能将错误的、悲剧式的最后一幕改编成其他结局。"

(Shneidman, 1998, p.249)

认知行为治疗通常关注来访者自我对话的内容，以及自我对话如何反过来影响行为、感受和进一步的想法。然而，来访者对自己说的话可能不如他们对自己展示的内容重要（技巧11）。意象比言语材料更能激发强烈的情绪（Holmes & Matthews, 2005）。这里，可以使用一种被称为意象重写的技术，利用心理画面的力量来帮助生存和疗愈。

有心理学家（Holmes et al., 2007）描述了两种主要的意象重写方式。第一种是在心理上将意象转化为良性或积极的。第二种是改变来访者与意象的关系，以好奇和接受的心态去面对它，而不是按字面意思去理解它。意象重写更常用于创伤事件的记忆，但未来事件的意象也可以被重写。

为了重写意象，来访者需要作为头脑中视觉故事的创造者来维护控制权。心理学家朱迪丝·贝克用电影导演来类比："你不必受意象的摆布。如果愿意，你可以改变它。就像你是电影导演一样：你可以决定想要它成为的样子"（Beck, 2011, p.285）。

改变意象的一种方式是想象在某个关键时刻做一些不同的事情。引导有自杀倾向的人构建当前的白日梦或心理意象的场景，在这些场景中，他们可以有效地应对自杀冲动，而不是依据冲动行事。一旦来访者以能引起共鸣的方式改变了意象，请他们每天在脑海中回放几次。这有助于训练思维，养成有利的习惯。

对某些来访者来说，想象或目睹某人的自杀或其后果可能是一种应对方式。他们在逃避或自杀意象引发的其他积极感受中得到安慰（Crane et al., 2014）。治疗师可以帮助来访者创造某种能够满足相同需求的替代意象（Wesslau et al., 2014）。例如，一个人在通过自杀来逃避问题的想法中得到安慰，他就可能创造出另一种逃避现实的想象。

除了改变意象，还有一种选择是让有自杀倾向的人用不同的方式看待意象。对于脑海中的东西，他们可以不加评判地观察并保持好奇。这种态度与接纳自杀想法是一致的（技巧72）。还可以鼓励来访者在体验自杀意象时使用应对陈述（技巧69），将其作为一种自我抚慰的方式。可以指出，心理画面并不真实，也不是未来事物的预兆（如，"不要从字面上理解这些图像。""这些图像不会决定我的未来。"）

改变意象或改变与它们的关系不一定只发生在自杀意象的背景下。这些技术适用于各种令人痛苦的意象，尤其是那些与创伤、焦虑和哀伤有关的意象。如果需要了解更多信息，请参阅《牛津认知疗法意象指南》（*Oxford Guide to Imagery in Cognitive Therapy*; Hackmann et al., 2011）。

"我看到自己找到了一根绳子……"

这个意象在过去一周里出现了多次，这让哈里森（Harrison）心神不宁，但也对他充满诱惑。"我看到自己从地下室的壁橱里拿出一根绳子，把它系成一个套索，然后挂在地下室的钢筋横梁上。"哈里森向他的心理医生描述上吊的动作以及他的身体悬在横梁上的意象。在画面中，他很平静。

"一直看到那个画面对你来说是什么感觉？"他的心理医生问道。

"还好，"64岁的哈里森说，"我知道这可能会打扰我，但这些动作让我感觉还不错。就像我明白，如果需要，我就可以做到，你知道的。"

"问题是，你想得越多，它可能就越有吸引力，"心理医生说，"这就是你想改变的画面吗？"

"是的。一直这样想着对我来说可能不是最健康的事情，你说呢？"

哈里森淡淡一笑。

"我们可以再看一遍那个画面吗？但这一次让我们一起想象，你做了一些有帮助而不是致命的事情。"

"好吧，我想我可以想象去地下室拿绳子，但不是真的把它从壁橱里拿出来。"

"然后会发生什么呢？"

"嗯……"哈里森想了想，"我决定我应该看看厨房抽屉里的安全计划。我想我应该在做像自杀这样极端的事情之前先看看它。"

"这似乎是一个现实的画面。那么，请你带着我看一遍，在你想到去拿安全计划之后会发生的事情。"

"我去厨房把它从杂物抽屉里拿出来，"他说，"抱歉，我并不是说计划是杂物，只是我把很多东西放在那个抽屉里了。我阅读了安全计划，发现我应该给我最好的朋友打电话。"

"如果她不在家呢？"心理医生问道。

"哦，那我就给你打电话。现在想起来，就算她在家我也可以给你打电话。给你拨通电话后我就说'我需要尽快见到你，因为我差点就把绳子拿出来了。'"

"下周，"心理医生说，"当你看到自己去地下室拿那根绳子时，你能试着像刚才和我一起想象的那样去改写故事吗？"

"我可以试试，"哈里森说，"我估计可能对我有点好处。"

参 考 文 献

Beck, J. S. (2011). *Cognitive behavior therapy: Basics and beyond* (2nd ed.). New York, NY: Guilford Press.

Crane, C., Barnhofer, T., Duggan, D. S., Eames, C., Hepburn, S., Shah, D., & Williams, J. M. G. (2014). Comfort from suicidal cognition in recurrently depressed patients. *Journal of Affective Disorders, 155*, 241–246.

Hackmann, A., Bennett-Levy, J., & Holmes, E. A. (2011). *Oxford guide to imagery in cognitive therapy.* New York, NY: Oxford University Press.

Holmes, E. A., & Mathews, A. (2005). Mental imagery and emotion: A special relationship? *Emotion, 5*(4), 489–497.

Holmes, E. A., Arntz, A., & Smucker, M. R. (2007). Imagery rescripting in cognitive behaviour therapy: Images, treatment techniques and outcomes. Journal of Behavior *Therapy and Experimental Psychiatry, 38*(4), 297–305.

Shneidman, E. S. (1998). Further reflections on suicide and psychache. *Suicide and Life-Threatening Behavior, 28*(3), 245–250.

Wesslau, C., & Steil, R. (2014). Visual mental imagery in psychopathology: Implications for the maintenance and treatment of depression. *Clinical Psychology Review, 34*(4), 273–281.

技巧71： 防止思维压抑

> "思维压抑的矛盾影响在于它会引起对被压抑思维的关注。"
>
> （Wegner et al., 1987, p.8）

许多有自杀倾向的来访者试图掩盖自杀想法，忽视或阻止它们，想尽办法把它们从脑海中消除。然而，大量研究表明，在试图摆脱想法时，人们会体验到暂时的解脱，但随后想法会以更强烈的方式再次出现，这是一种折磨人的"反弹效应"（Abramowitz et al., 2001）。就好像这些想法在反击。更糟糕的是，没能成功地压抑这些想法，还会带来沮丧感和无助感。

虽然相关研究还不够深入，但"反弹效应"的原理也可能适用于自杀想法。一项研究发现，人们越是试图压抑自己的自杀想法，自杀想法就越严重（Pettit et al., 2009）。这一发现强调了观察来访者是否试图压抑自杀想法及其后果的重要性。

- "你会努力阻止自己去想自杀吗？"
- "你做了什么来阻止自杀想法？"
- "如果你不努力将自杀想法逐出脑海，你认为会发生什么？"

如果来访者的确报告说他们正在努力压抑自杀想法，请仔细考虑这些努力的后果："它有效吗？或者说，你能让自己不再想自杀吗？""如果是，能持续多久？"在许多案例中，这一系列提问会让来访者意识到，虽然他们竭尽全力遏制自杀想法，但也许他们需要尝试其他方式。应对思维压抑无效的一种方法是观察和接纳自杀想法，这将在下一个技巧中讨论。

第十二章　借鉴认知行为策略

"我就不断告诉自己,'不要想。'"

"我很努力地不去想自杀,"47岁的詹娜(Janna)告诉临床社工米格尔(Miguel),"我不喜欢我这样想。我想停下来。"

"可以理解,"米格尔说,"这些想法不断涌上心头,很令人痛苦,不是吗?"

"是的,完全是这样,"詹娜说,"这真的让我觉得我疯了。我越有自杀的念头,我就感到越疯狂。我感到越疯狂,就越有自杀的念头。"

"这像是一个恶性循环,"米格尔说,"自杀想法冒出来时,你会做什么去阻止它们?"

"我就不断告诉自己,'不要想。不要想。'这就像一个咒语。"

"有用吗?"米格尔问。

"我觉得没用,"詹娜说,"因为我总是想到自杀,即使我并不想去想。"

"这很常见,"米格尔说,"实际上有研究表明,越是试图让自己不去想某事,我们就会越想它。这有点像节食的人不断告诉自己,'不要想着吃冰淇淋。'为了告诉自己不要去想,他们就得一直想着冰淇淋。"

"有道理,"詹娜说,"只是我该做点什么别的呢?"

这个精准的问题为米格尔提供了一个自然的转折点,让她转向不加评判地观察和接纳自杀想法,这在技巧72中有描述。

参 考 文 献

Abramowitz, J. S., Tolin, D. F., & Street, G. P. (2001). Paradoxical effects of thought suppression: A meta-analysis of controlled studies. *Clinical Psychology Review, 21*(5), 683–703.

Pettit, J. W., Temple, S. R., Norton, P. J., Yaroslavsky, I., Grover, K. E., Morgan, S. T., & Schatte, D. J. (2009). Thought suppression and suicidal ideation: Preliminary evidence in support of a robust association. *Depression and Anxiety, 26*(8), 758–763.

Wegner, D. M., Schneider, D. J., Carter, S. R., & White, T. L. (1987). Paradoxical effects of thought suppression. *Journal of Personality and Social Psychology, 53*(1), 5–13.

技巧72： 加强对自杀想法的接纳

"有自杀想法没关系，只要不付诸行动。它们只是想法。"

（Blauner, 2002, p.5）

很多来访者努力不去想自杀。然而，他们无法控制想法的出现，只能控制自己的反应。并且，正如技巧71所解释的那样，试图压抑想法往往会失败，并导致更多的绝望感。压抑想法的一个合理替代方法是接纳。接纳自杀想法并不意味着认为自杀不可避免。相反，接纳意味着观察自杀想法的来去，而不加以谴责、试图控制或让它们变得更有威力。

接纳和观察自杀想法涉及元认知觉察。这种技巧要求来访者将想法作为"头脑中一闪而过的事件"来观察，而不是当作对现实或自身必不可少的部分（Teasdale et al., 2002, p.285）。这些概念与接纳承诺疗法对认知解离的关注是一致的，本质上都强调不要从字面上去理解想法的内容（Hayes et al., 2011）。

放弃刻意控制自杀想法的设想让很多人感到害怕。他们害怕自己在想起自杀时毫无抵抗，认为这会导致失控并将想法付诸行动："想法掌控一切。"但实际上，只要不纠缠其中，想法就只是一种短暂来去的现象。想法会出现。想法可能是真的，也可能不是。它们不定义人或其行为。

你可以借鉴丰富的隐喻，来说明如何让想法在不评判、不控制、不回避的情况下自由流动。心理学家莱恩汉用火车车厢做了一个绝妙的比喻：

想象你坐在火车轨道附近的山上，看着一节节火车车厢经过……把想法、意象、感觉和感受想象成车厢……看着车厢经过……不要跳上火车……只是看着车厢经过……如果你发现自己在火车上，跳下来，重新开始观察……

（Linehan, 2015, p.187）

隐喻比比皆是。引导来访者看着想法流过，将其当作溪流中漂浮的叶子。来访者可以选择不把手伸进水里，去抓住一个想法不放。也可以把想法比作天空中飘浮的云、一场刚过去的暴风雨或其他可以随时观察但无法控制的短暂事件。

还有许多其他方式可以让来访者选择接纳的态度。**正念地觉察自杀想法**就是其一。可以简单地观察："我有一个_____的意象"或"我注意到我在想_____。"思考这两种陈述的本质区别："我不配活着"和"我想我不配活着"。一个以事实呈现，另一个以错误的信念呈现。

扮演"评价者"可以让来访者进一步远离自杀想法。就像电视记者一样，来访者可以冷静地留意他们观察到的东西："那些想法又来了，告诉我我不配活着。我的想法经常这么干。"

保持好奇是练习接纳的另一种方式。当出现自杀想法或意象时，来访者可能会想知道是什么导致了这些想法、它们会持续多久以及接下来会发生什么。他们可能会注意自己有多么相信（或多么不相信）这些思维产物、触发了哪些情绪以及因此产生了哪些身体感觉。与元认知觉察一致，思维过程变得比内容更重要。

统计自杀想法的次数也可以让来访者观察思考的过程。通过记录自杀想法出现的频率（每小时、每天或每周几次），他们从扮演者转变为观察者。这样就可以与自杀想法成功地保持一定距离，并且至少在一定程度上减弱它们的威力。

无论有自杀倾向的人采取何种方法来观察想法，目标都是一样的：接纳自己的想法，而不试图控制它们或过分夸大它们的重要性。同时，与自杀想法保持距离可以减弱它们的威力。想法被公然揭露为无休止的思维过程中的瞬间事件。自杀想法可能会持续存在，但不再产生真实的影响。

更新的认知疗法，如接纳承诺疗法以及基于正念的认知疗法，把对想法的非评判性观察作为治疗的必要组成部分。治疗师可以向来访者推荐不是专门针对自杀想法但很有用的书，如《跳出头脑，融入生活——心理健康新概念ACT》*（*Get Out of Your Mind and Into Your Life: The New Acceptance and Commitment Therapy*; Hayes, 2005）和《八周正念之旅——摆脱抑郁与情绪压力》**（*The Mindful Way Workbook: An 8-Week Program to Free Yourself from Depression and Emotional Distress*; Teasdale et al., 2014）。

> **"我相信'我应该自杀'的想法"**
>
> "我是一个失败者，不配活着。"这个想法和其他类似的想法在妮维雅（Neveah）的脑海中不断闪过。她将这些想法视为重要事实。她觉得，"因为我是一个失败者，不配活下去，所以我要自杀。"这些想法是如此令人沮丧，以至于妮维雅试图强迫自己停止它们。然后，当这些想法不可避免地持续存在时，她对自己的感觉更糟了。
>
> 通过心理治疗，43岁的妮维雅学会了以其他方式做出反应。当自杀或自嘲的想法闯入脑海中时，她会观察它并告诉自己："我只是想到自己是个失败者，要自杀。这并不意味着它是真的。"当发现自己相信自杀想法时，她会告诉自己："我相信'我应该自杀'的想法。"这些措辞上的细微变化明显表明，她可以观察自杀想法，而无须相信或采取行动。

参 考 文 献

Blauner, S. R. (2002). *How I stayed alive when my brain was trying to kill me: One person's guide to suicide prevention.* New York, NY: William Morrow.

Hayes, S. C. (2005). *Get out of your mind and into your life: The new acceptance and commitment therapy.* Oakland, CA: New Harbinger Publications, Inc.

Hayes, S. C., Strosahl, K. D., & Wilson, K. G. (2011). *Acceptance and commitment*

---

* 本书的简体中文版由重庆大学出版社于2021年出版。——译者注

** 本书的简体中文版由中国轻工业出版社于2017年出版。——译者注

therapy: The process and practice of mindful change. New York, NY: Guilford Press.

Linehan, M. M. (2015). *DBT skills training manual* (2nd ed.). New York, NY: Guilford Press.

Teasdale, J. D., Moore, R. G., Hayhurst, H., Pope, M., Williams, S., & Segal, Z. V. (2002). Metacognitive awareness and prevention of relapse in depression: Empirical evidence. *Journal of Consulting and Clinical Psychology, 70*(2), 275–287.

Teasdale, J. D., Williams, J. M. G., & Segal, Z. V. (2014). *The mindful way workbook: An 8-week program to free yourself from depression and emotional distress*. New York, NY: Guilford Press.

第十三章
提高生活质量

技巧73：增强应对技巧

"忍耐并接纳痛苦的能力是一个必要的心理健康目标……"

（Linehan, 1993, p.147）

许多来访者不知道如何建设性地应对心理痛苦。痛苦令人难以忍受，因此他们认为自杀是摆脱痛苦的唯一出路。又或者，他们尝试通过一些恶化自身处境的方式来应对，如物质滥用、隔离、切割或其他有破坏性的习惯。这些有害的行为和后果会加剧自杀的冲动。

辩证行为治疗（DBT）提供了许多指导自杀倾向来访者如何应对痛苦的方法。本书无法涵盖DBT传授的许多不同技巧，我建议阅读《DBT情绪调节手册：标准技能训练手册》（Linehan, 2015b）及其配套书籍《DBT情绪调节手册：讲义与练习单》*（*DBT Skills Training Handouts and Worksheets*; Linehan, 2015a）。为了解释清楚，这里描述了DBT中关于忍受痛苦情绪的两套组合技巧：自然地改变体内的化学反应和分散对情绪痛苦的注意。

但首先需要注意的是：尽管DBT已被证明对减少自杀行为有效（Linehan et al., 2015），技能模块中教授的单个技能尚未得到独立的有效性研究。考虑

---

* 本书的简体中文版由北京联合出版有限公司于2022年出版。——译者注

到这一点，你应该监测哪些练习对你的来访者有帮助，就像本书中的其他技巧和方法一样。

自然地改变体内的化学反应

自然地改变个体体内的化学反应，背后的原理是诱导生理镇静反应。DBT手册提出了四种处在情绪危机时实现这一目标的方法。

冷水敷脸。来访者可以屏住呼吸，把脸浸入一盆冷水中，或者用装满冷水的塑料袋敷在眼睛和脸颊上。冰冷的水会引发一种冷静的生理反应——"潜水反应"，个体的心率会降低，血液从非核心器官重新流向大脑和心脏（Gooden, 1994）。

剧烈运动，哪怕是间歇性的。体育锻炼可以改善情绪并提升精力和清醒程度（Kanning & Schlicht, 2010）。此外，锻炼还能分散注意力。理想情况下，来访者应有规律的锻炼方案，但当情绪难以承受时，剧烈运动有助于产生平静的感觉。

减缓呼吸。进行腹式深呼吸，呼气的速度比吸气慢。这可以触发放松反应（Benson & Proctor, 2010）。

练习肌肉放松。从头到脚（放松肌肉），或从脚到头。在吸气时紧绷一组肌肉（如，手臂肌肉），然后在呼气时放松。每组肌肉紧绷5~6秒，再放松10~15秒。DBT手册建议在放松肌肉的同时口头说"放松"，这样，随着时间的推移，来访者只需说出这个词就可以得到放松。

增加心率（如，运动）或降低心率（如，冷水浸泡）的身体活动需要谨慎。DBT手册建议，如果来访者有心脏病或其他医疗问题，在尝试这些练习之前需要先咨询医生。

分散对情绪痛苦的注意

DBT将人的心理概念化分为三个部分：情绪心、理智心和智慧心（Linehan, 2015b）。顾名思义，情绪支配情绪心，逻辑支配理智心。智慧心是二者的结合，情绪和理智都不受对方的束缚。DBT技能训练的目标就是让来访者更频繁、更轻松地获取智慧心。

在"智慧心接纳（Wise Mind ACCEPTS）"技能组合中，来访者唤起逻辑和情绪来缓和情绪性泛滥。"ACCEPTS"代表活动（Activities）、贡献（Contributing）、比较（Comparisons）、情绪（Emotions）、推开（Pushing Away）、想法（Thoughts）和感觉（Sensations）。

活动。这些活动可能包括完成任务、做一些有趣的事，例如听音乐、与朋友聚会，或任何其他可以消耗注意的事。

对他人的贡献。帮助别人，比如通过电话、短信或电子邮件称赞某人，做志愿工作，或给另一个人赠送礼物。

比较。人们总是将自己与更好的人比较，这会使他们感到能力不足和忿忿不平。与更不幸或处境较差的人比较，或者与处于更糟糕时期的自己比较，有助于正确看待事情。

情绪。努力唤起与目前体验到的情绪不同的其他情绪。可以看一部恐怖电影，读一本有趣的书，甚至看一些可能激怒自己的政治材料。

推开痛苦。尽管通常不鼓励压抑思维（技巧71），但DBT呼吁尽可能暂时推开消极的想法、感受和记忆。这可能包括想象将问题放在一个盒子里，在思维反刍时对自己说"不"，然后暂时避开这个话题。

想法。全神贯注于一项脑力挑战，例如做数学题、完成拼图或做其他需要逻辑的事情，这能分散对情绪痛苦的注意。

感觉。该部分要求通过体验其他身体感觉来分散注意。包括洗个热水澡或冷水澡、拿着冰块、用手指抚摩特别柔软或粗糙的物品、唱歌或者任何能带来其他感觉的事（见技巧54）。

详述：辩证行为治疗

仅仅帮助有自杀倾向的人活着是不够的。他们还需要减少痛苦并找到生活的意义。DBT旨在通过个体治疗、技能训练、随时可用的技能指导的结合来改善人们的生活质量（此外，DBT治疗师还需要一个顾问咨询团队，帮助解决常常具有挑战性的来访者带来的复杂问题）。在DBT的众多组成部分中，对情绪失调的关注是核心（Linehan, 1993）。DBT最初是为边缘型人格障碍患者和有慢性自杀倾向的人开发的，现在已被普遍用于许多不同的人群和问题。

DBT强调辩证法——一种对立的综合，与僵化的二分思维形成对比。因此，DBT要求治疗师平衡两种努力：一是帮助来访者改变问题行为的努力，二是同时接纳并认可来访者当下的状态。干预措施结合了行为疗法和从东方冥想实践中汲取的正念技术。DBT治疗师从四个优先问题开始工作，第一是安全问题；第二是治疗师或来访者干扰治疗成功的所有行为；第三是干扰个人成长能力的问题（如，抑郁、物质滥用、人际关系问题）；第四是改善应对和行为功能的技能，这些主要包含在技能训练部分中。

技能训练通常以小组形式与个体治疗同时进行。技能训练分为四个模块：痛苦耐受、情绪调节、正念和人际效能。技能的范围很广，从简单的［如，半笑（half-smiling）］到复杂的（如，行为链分析）。

研究一致发现DBT可以减少自杀行为（Panos et al., 2014; Linehan et al., 2015）。此外，即使不进行个体心理治疗，技能训练也有效（Linehan et al., 2015）。DBT有效地改善了数以千计的来访者的生活。正如一位资深的DBT来访者所说："通过让我的下一分钟或下一小时比前一分钟或前一小时更好——哪怕极度细微、渐进，这种疗法点燃了我的希望。日积月累，我的人生越来越好，几年过去了，我发现了自己的复原力（Lippincott, 2015）。"

参 考 文 献

Benson, H., & Proctor, W. (2010). *Relaxation revolution: The science and genetics of mind body healing*. New York, NY: Simon and Schuster.

Gooden, B. A. (1994). Mechanism of the human diving response. *Integrative Physiological and Behavioral Science, 29*(1), 6–16.

Kanning, M., & Schlicht, W. (2010). Be active and become happy: An ecological momentary assessment of physical activity and mood. *Journal of Sport & Exercise Psychology, 32*(2), 253–261.

Linehan, M. (1993). *Cognitive-behavioral treatment of borderline personality disorder*. New York, NY: Guilford Press.

Linehan, M. M. (2015a). *DBT skills training handouts and worksheets* (2nd ed.). New York, NY: Guilford Press.

Linehan, M. M. (2015b). *DBT skills training manual* (2nd ed.). New York, NY: Guilford Press.

Linehan, M. M., Korslund, K. E., Harned, M. S., Gallop, R. J., Lungu, A., Neacsiu, A. D., McDavid, J., Comtois, K. A., & Murray-Gregory, A. M. (2015). Dialectical behavior therapy for high suicide risk in individuals with borderline personality disorder: A randomized clinical trial and component analysis. *JAMA Psychiatry, 72*(5), 475–482.

Lippincott, W. (2015, May 16). No longer wanting to die. *New York Times*. Retrieved January 30, 2017.

Panos, P. T., Jackson, J. W., Hasan, O., & Panos, A. (2014). Meta-analysis and systematic review assessing the efficacy of dialectical behavior therapy (DBT). *Research on Social Work Practice, 24*(2), 213–223.

技巧74: 培养正念

"通过正念,有自杀倾向的人可以学会平静地观察自杀的'黑暗演算(dark calculus)',培养自我友善和自我慈悲,并回到尽情享受每一刻的状态。"

(Luoma & Villatte, 2012, p.274)

正念指的是关注当下的想法、感受和行为,而不是沉浸在对过去的回忆或对未来的恐惧中。当这种偏离不可避免地发生时,正念就是要回到当下。这个目标似乎有悖常理。如果当下处于痛苦之中,那么专注当下会不会加剧痛苦的体验?事实上,不逃避、不回避地接纳"此时此地",可以帮助来访者远离痛苦。他们专注于观察痛苦,而不是成为痛苦。

一般来说,正念练习包括观察一个人的思维、身体或环境中发生的现象,当它们出现时,无须对观察到的事物做出评判、依恋或反应。在有自杀想法的情况下,正念观察可以帮助有自杀倾向的人识别,这些想法只是想法。不是事实,不是真理,也不是行为的号召。正念促使来访者认识到想法、感受和其他内心体验都是那么短暂。它们来去自由,就像天空中的云彩。

许多书籍都提到了正念。《正念的奇迹》*(The Miracle of Mindfulness; Thich Nhat Hanh, 1999)是一本经典著作。作者描述了正念如何渗透到各种行为中,即使是最普通的行为:用手洗碗、喝杯热茶、吃一瓣橘子、沿着尘土之路行走。一种常见的正念练习是观察呼吸,注意吸气时鼻子或嘴巴的感觉,感觉腹部的隆起,然后注意呼气时腹部收缩的感觉。一时一刻,一呼一吸,不断重复此过程。目标是保持对当下时刻及其所带来的一切的关注,无论它意味着什么。

培养正念是正念减压疗法和正念认知疗法(Williams et al., 2015)的核

---

* 本书的简体中文版有多个版本,读者可自行查阅。——译者注

心。辩证行为疗法和接纳承诺疗法也强调正念。这些疗法提供了丰富的练习来帮助来访者提高正念技能。

鼓励来访者从小事做起。可以试着正念吃一块水果，注意它在手上和嘴唇上的质感、牙齿咀嚼水果的感觉、唾液的涌动，等等。另一个入门的小方法是正念认知疗法中使用的"3分钟呼吸练习"（Williams et al., 2007）。这个练习要求在第1分钟内保持对想法、感受和身体感觉的整体感知。这3分钟的流逝就像沙漏一样，个体将注意力集中在呼吸本身和呼吸带给身体的感觉上。然后将感知再次延展到整个身体。DBT中的"观察—描述—参与"练习也很有用（Linehan, 2015）。来访者观察所想、所见、所闻、所嗅、所触或身体感觉，标注并描述观察到的感觉和体验，并让自己沉浸在那种体验中。

对于结合正念练习的心理治疗，放松和领悟并不是目标。但正念可能会带来平静和超然的感觉。正念的增加与幸福感的增强、心理症状的减少以及反应性和冲动性的降低有关（Keng et al., 2011）。更具体地说，研究表明，强调正念冥想练习的正念认知疗法可以减少自杀意念（Williams et al., 2015）。

正念也有一些风险。对某些来访者来说，这种做法会增加焦虑、加剧反刍并打开创伤记忆的闸门（Williams & Swales, 2004）。为了帮助减轻这些影响，可以教授着陆练习（技巧54）和其他应对技巧（技巧73）。提醒来访者观察并描述想法和情绪体验，把它们当作与自身无关的一种现象（Linehan, 2015）。

正念练习还存在其他风险。尤其是当自我批评泛滥，个体难以保持对当下的觉察时，可能会出现大量自我惩罚的想法。毫无疑问，这会导致分心。他们的思绪会弥散。他们会迷失在自己的想法中。他们可能会谴责自己没有"做正确的事"或没有专注正念。他们不会简单地将这些谴责视为需要被观察的更多想法，而是相信它们。如果使用正念的干预措施，请让来访者为可能会在正念练习中出现的自责和评判做好心理准备。强调分心的不可避免以及在思维弥散时简单地回到当下的价值。正念是一种练习——它总是需要练习。完美是无法实现的。

我们建议鼓励来访者使用正念的临床工作者自己也进行正念练习（Williams et al., 2015）。这样可以帮助了解来访者可能遇到的挑战，以较少的反应做出回应，为他们树立正念生活的榜样。如果来访者可能从正念中受益，但你并不精通正念练习，请考虑将此他们转介给正念教练或团体。受过正念减压或正念认知治疗课程培训的人是特别好的选择。马萨诸塞大学医学院是卡巴-金（Kabat-Zinn）开发正念减压项目的地方，该学院有一份认证讲师名单，并提供在线课程。

"你此刻像风暴还是天空？"

一瞬间，马克（Mark）生活中的一切都改变了。那是一场车祸。他的妻子和两个年幼的孩子在车里，都没有幸存。从那以后的几个月，马克完全沉浸在悲伤中。他不再去上班，不再处理支付账单等日常义务，也不再照顾自己。他深信，这种对悲伤的消极处理方式表达了对家人的爱。在他看来，在没有妻子和孩子的情况下去寻找生活的意义，会将他们的价值降到最低。最终，他试图在车里用一氧化碳自杀，幸亏邻居及时发现才没有丧命。

心理学家（Luoma & Villatte, 2012）在关于正念和自杀的文章中分享了这个案例。他们描述了在6个月里，治疗师如何教马克正念技巧，帮助他体验悲伤而不去回应，解除他认为"过有意义的生活就会降低妻子和孩子们的价值"的信念。

他们从简短的日常家庭作业开始，要求马克在淋浴、散步和吃饭等日常活动中练习正念。随着时间的推移，他积累了更长的正念练习时间，并在没有判断或中断的情况下观察感觉、冲动和情绪。

当马克充满悲伤和失落的感觉时，他很难接受，这很正常。治疗师引导他观察自己的情绪，而不与之连接，就像树叶在河里漂浮一样。他还练习观察自己的想法和感受，把它们当作翻滚却从未触及天空的风暴。治疗师有时会问他，"你此刻像风暴还是天空？"（Luoma & Villatte, 2012, p.273）。这些经历帮助马克学会了如何"摆脱思绪，进入当下"。这需要大量的努力和练习，但最终他学会了体验痛苦，而非变得麻木或者被吞噬："他的想法和记忆仍然会唤起强烈的情绪，"治疗师写道，"但对他行为的影响越来越少，他也可以参加其他活动了。"

参 考 文 献

Hanh, T. N. (1999). *The miracle of mindfulness: An introduction to the practice of meditation*. Boston, MA: Beacon Press.

Keng, S. L., Smoski, M. J., & Robins, C. J. (2011). Effects of mindfulness on psychological health: A review of empirical studies. *Clinical Psychology Review, 31*(6), 1041−1056.

Linehan, M. M. (2015). *DBT skills training handouts and worksheets* (2nd ed.). New York, NY: Guilford Press.

Luoma, J. B., & Villatte, J. L. (2012). Mindfulness in the treatment of suicidal individuals. *Cognitive and Behavioral Practice, 19*(2), 265−276.

Williams, J. M. G., & Swales, M. (2004). The use of mindfulness-based approaches for suicidal patients. *Archives of Suicide Research, 8*(4), 315−329.

Williams, J. M. G., Fennell, M., Barnhofer, T., Silverton, S., & Crane, R. (2015). *Mindfulness and the transformation of despair: Working with people at risk of suicide*. New York, NY: Guilford Press.

Williams, M., Teasdale, J., Segal, Z., & Kabat-Zinn, J. (2007). *The mindful way through depression: Freeing yourself from chronic unhappiness*. New York, NY: Guilford Press.

技巧75："拓展和构建"积极情绪

> "积极情绪的点滴瞬间——虽然转瞬即逝——通过让来访者走上成长的轨道并为生存建立持久的资源，重塑了他们的性格。"
>
> （Fredrickson, 2013, p.15）

短暂的积极情绪也会引发连锁反应，引出更具创造性和灵活性的思维和行动方式（Fredrickson, 2013）。然后，这种开阔的视角建立并改善了应对的重要方面，例如复原力、社交动机和乐观。弗雷德里克森提出了积极情绪的"拓展和构建"理论，他将这种协同反应称为"螺旋式上升"（Fredrickson, 2001）。这与绝望常引发的"螺旋式下降"形成了鲜明对比。

有10种具有代表性的情绪可以创造积极的动力：高兴、感激、平静、兴趣、希望、自豪、娱乐、灵感、敬畏和爱（Fredrickson, 2013）。上述每一种情绪都可以促使人们采取行动，从而获得更多的知识、技能、社会关系、动机、乐观和觉察。这是一个显而易见的命题：积极情绪会引发更多的积极情绪，随之而来的是更健康、更有建设性的生活方式。然而，当某人处于严重的痛苦中，甚至在考虑自杀时，可能很难获得积极情绪。抑郁和其他引发自杀想法的因素的一个标志性症状就是，对曾经感到愉快的活动失去兴趣。对有自杀倾向的人来说，开出积极情绪的处方就像是对他们说，"别担心，开心点。"挑战在于帮助人们重新找回快乐，哪怕只是片刻的快乐。

有些干预措施专门用于帮助来访者产生积极情绪。下面描述了几种已被证明能有效激发积极情绪的活动：慈心冥想（Fredrickson et al., 2008）、感恩练习（Seligman et al., 2005）、识别和发挥优势（Seligman et al., 2005）、做一些令人愉悦的事情（Berenbaum, 2002）。

慈 心 冥 想

慈心冥想指的是将爱和慈悲导向自己和他人。在冥想时，来访者会为自己和他人重复各种愿望。一些传统愿望包括"愿我远离危险""愿我精神愉悦""愿我身体愉悦""愿我安于幸福"（Salzberg, 1995）。这个练习是灵活的，来访者可以自由表达。慈心冥想在萨尔茨伯格的著作中有详细描述（Salzberg, 1995）。

感 恩 练 习

感恩练习将注意力从生活中缺失或令人痛苦的事物转移到当下和美好的事物上。其中一种练习要求来访者每天晚上写日记，记下当天发生的三件好事。另一种是写一封信，对曾经帮助过自己的人表示感谢和感激。一般来说，这些活动可以增加幸福感并减少抑郁（Seligman et al., 2005）。与因自杀想法而住院的人一起练习时，统计祝福的数量和写感谢信的练习可能会减少绝望并增加乐观（Huffman et al., 2014）。

感恩练习使用时也需谨慎。尽管对很多来访者有帮助，但它们也的确会让一些人感觉更糟（Li et al., 2012）。感恩会激发内疚、不足甚至是失败感，伴随类似"我太糟糕了，我的生活中有这么多美好的事物，我却想自杀"的台词。尤其是在集体主义文化中，有自杀倾向的人可能会因自己无法回报他人的善意而进行反刍（Li et al., 2012）。使用感恩练习时，请留意好坏两方面的影响。

优 势 识 别

基于优势的干预通常遵循类似的模式（Parks et al., 2013）。参与者首先完成一份问卷，确定他们的优势。优势行为价值调查是一份很好的工具。接下来，治疗师和来访者一起头脑风暴，找出更多发挥优势的方式。这些活动可以引发自我欣赏、成就感和自豪感。技巧65更详细地介绍了帮助有自杀倾向的来访者找出自身优势的方法。

愉悦的活动

"愉悦的活动"是一个临床术语，指那些有趣、令人感觉良好或至少能分散对痛苦的注意力的活动。帮助来访者想出要做的事情："有什么能给你带来片刻的快乐，即使是很简单的事情，比如，吃你最喜欢的甜点或看一部有趣的电视节目？"如果来访者想不到，可以借鉴网上的愉悦活动清单。《DBT情绪调节手册：讲义与练习单》中的愉悦活动清单也是很好的资源（Linehan, 2015）。对于缺乏动力或兴趣体验快乐的人，行为激活可以帮助开启这一过程（技巧76）。如果来访者发现他们在做这些活动时无法感到愉悦，请共情这种困难，并与来访者一起寻找可以尝试解决问题的办法。

注 意 事 项

追求幸福和其他积极情绪可能适得其反。过于关注自己是否感觉良好的人可能会感觉更糟，因为他们的期望没有得到满足，反刍自己的感受，并且无法活在当下（Catalino et al., 2014）。与感恩练习一样，要警惕努力构建积极情绪的负面影响。

"我只是……"

52岁的沙妮克（Shanique）看不到起床的好处，更不用说起床做一些可能感觉良好的事情了。因此，当社工提议做一些能带来快乐的活动时，她感觉这像是一个残酷的笑话。"如果就像洗个澡或吃一个巧克力圣代这么简单，"她告诉社工，"我就不会想自杀了。"

"我知道这似乎过于简单化了,"他说,"的确,为了愉悦或分散注意力而做一些事情,这本身并不能治愈你感受到的强烈痛苦或焦虑。但从长远来看,即使是几分钟的积极情绪,也可以帮助你感觉更好。要不,你试试看有没有效果?"

沙妮克同意了,但她不知道自己能做什么。"我不再喜欢任何东西了。甚至感觉食物也不好吃。我只是……"她说。

"过去有什么事情让你快乐?"社工问。

"哦,在这一切发生之前,我喜欢绕湖骑自行车。"

"你能不能在本周的某个时候尝试骑自行车,哪怕只是几分钟?"

沙妮克同意了。在下一次会谈中,她反馈,她在家附近的公园里骑了10分钟自行车。她说,前5分钟"糟透了。""我一直告诉自己,这很愚蠢。"但她坚持下去了。尽管骑自行车本身并没有帮助她改善心情,但知道自己正在努力,这让她感到一丝宽慰。走出屋子的事实给了她希望,她可以再次这样做。宽慰和希望让人感觉很好。

新产生的积极情绪并没有立即治愈她的自杀想法或抑郁。但随着时间的推移,她尝试了更多愉快的活动后,她发现它们会带来感恩、快乐和更多希望。她努力通过积极经历重新认识自己,这不仅拓展了她的情绪,也拓宽了她的世界。

参 考 文 献

Berenbaum, H. (2002). Varieties of joy-related pleasurable activities and feelings. *Cognition & Emotion, 16*(4), 473–494.

Catalino, L. I., Algoe, S. B., & Fredrickson, B. L. (2014). Prioritizing positivity: An effective approach to pursuing happiness? *Emotion, 14*(6), 1155–1161.

Fredrickson, B. L. (2001). The role of positive emotions in positive psychology: The broaden-and-build theory of positive emotions. *American Psychologist,*

56(3), 218-226.

Fredrickson, B. L. (2013). Positive emotions broaden and build. *Advances in Experimental Social Psychology, 47*(1), 1-53.

Fredrickson, B. L., Cohn, M. A., Coffey, K. A., Pek, J., & Finkel, S. M. (2008). Open hearts build lives: Positive emotions, induced through loving-kindness meditation, build consequential personal resources. *Journal of Personality and Social Psychology, 95*(5), 1045-1062.

Huffman, J. C., DuBois, C. M., Healy, B. C., Boehm, J. K., Kashdan, T. B., Celano, C. M., ... & Lyubomirsky, S. (2014). Feasibility and utility of positive psychology exercises for suicidal inpatients. *General Hospital Psychiatry, 36*(1), 88-94.

Li, D., Zhang, W., Li, X., Li, N., & Ye, B. (2012). Gratitude and suicidal ideation and suicide attempts among Chinese adolescents: Direct, mediated, and moderated effects. *Journal of Adolescence, 35*(1), 55-66.

Linehan, M. M. (2015). *DBT skills training handouts and worksheets* (2nd ed.). New York, NY: Guilford Press.

Parks, A. C., & Biswas-Diener, R. (2013). Positive interventions: Past, present and future. In T. Kashdan & J. Ciarrochi (Eds.), *Mindfulness, acceptance, and positive psychology: The seven foundations of well-being* (pp. 140-165). Oakland, CA: New Harbinger Publications, Inc.

Salzberg, S. (1995). *Lovingkindness: The revolutionary art of happiness*. Boston, MA: Shambhala Publications.

Seligman, M. E. P., Steen, T. A., Park, N., & Peterson, C. (2005). Positive psychology progress: Empirical validation of interventions. *American Psychologist, 60*, 410-421.

技巧76： 匹配价值观与行为激活

"恢复旧习惯或寻找新习惯，在疗愈过程中通常很重要。"

（Jacobson et al., 2001, p.259）

考虑自杀的人，尤其是那些有抑郁或焦虑的人，经常会体验到麻痹感。他们不再做可能帮助自己感觉更好的事情，随后因为没有做这些事而难过。行为激活有助于打破这种模式（Kanter et al., 2009）。作为认知行为治疗的一部分，行为激活是一个结构化的过程，它使有自杀倾向的人能够与有价值的、并且往往是基本的活动重新联系起来，这些活动可以对抗自杀的威力。

行为激活的一个关键原则是，不要等到感觉好些的时候才开始做可以帮助自己感觉更好的事情。行为激活提供了一系列具体步骤（Kanter et al., 2009）。首先，按小时监控并记下每天做的事情，并写下在这些时间段内的心情。在回顾活动时，寻找做得太多但会带来反作用的事（如，卧床不起）和做得太少的建设性活动（如，社交）。然后，识别各种影响情绪的活动。活动监测为识别被忽视的活动提供了基础，如果重新开始这些活动，就可能改善情绪和生活质量。

借鉴接纳承诺疗法（Hayes et al., 1999）的内容，临床工作者还需要评估来访者的价值观，以识别能为他们的生活确立目标的其他活动（Kanter et al., 2009）。探索来访者在不同领域的价值观，包括工作或学校、人际关系、信仰和灵性（spirituality）、为他人服务、自我照护、娱乐以及其他对来访者重要的领域。识别价值观有助于引导来访者参加与理想生活一致的活动。心理治疗师和教练哈里斯（Harris, 2009）提出了以下问题来帮助了解来访者的价值观（p.11）。

- "在内心深处，你希望你的生活是怎样的？"
- "你的主张是什么？"

- "宏观而言,对你真正重要的是什么?"

有些来访者的绝望或无助感十分严重,使得他们无法想出任何价值观。在这种情况下,要共情来访者的绝望状态,并且只关注激活他们的行为。

确定了日常活动和价值观后,临床工作者和来访者就可以一起创建一个活动等级列表,按复杂性和难度对来访者认为有意义和必要的活动进行排序。从最简单的活动开始,将其分解为小单元。例如,一个停止锻炼的人可能在第一天只是穿上运动鞋,几天后是走到车道尽头,再过几天走到街区尽头,然后绕着街区周围走,等等。如此循环,"螺旋式上升"就会随之而来(技巧75):活动有助于改善情绪,使再次参与变得更容易。同时,来访者继续列出全天的活动,并在每次活动前后评估情绪。随着时间的推移,活动的数量和复杂性也会增加。

强调接纳当下的情绪状态和继续前进的价值,还要理解,来访者不需要感觉良好也可以行动。这将帮助来访者在按照价值观生活的同时,履行日常义务。同时,在没有进展的时候,注意不要让来访者产生失败的感觉。将面前的活动当成实验,让来访者去发现哪些有效、哪些无效,去检查参与活动的阻碍,并进行相应的调整。

尽管行为激活与自杀的关系尚未得到专门研究,但有丰富的证据支持行为激活对抑郁来访者的有效性。一项综述表明,行为激活在帮助来访者从抑郁发作中恢复的方面比药物更有效(Ekers et al., 2014)。当抑郁非常严重时,行为激活的效果尤为显著(Ekers et al., 2014)。行为激活的易操作性和实证基础,使之得以在有需求的来访者中应用,帮助他们重新参与增强掌控感、提升胜任力和增加生存理由的活动。

"说起来容易做起来难"

韦伊(Wei)的"内在批评家"不断地指责他一文不值、失败、不配活着,就像一个无时无刻不在嘲笑他的恶霸。这些反刍让37岁的韦伊不愿与父母、兄弟和朋友联系,也很少回邮件和短信。他完全不接电话。他离开房子只是为了工作和处理必要的事务。如果他独自待着,他就会在脑海中回避有关他的缺陷和由此引发的焦虑的明显证据。然而,这种自我封闭剥夺了他可以用来对抗思维虐待的一切联结、友情和爱。

心理医生需要帮助他重新与他人交往,尽管韦伊认为自己没有能力做到。心理医生从活动监测开始。她给了韦伊一张表格,用来记录他一周的每日活动,并在每次活动期间从0(悲惨)到10(快乐)的等级对情绪评分。一个很明显的模式出现了:每晚下班后,韦伊回到公寓,缩在电视机前,在沙发上睡着,直到第二天早上。他不吃晚饭。他也不处理需要做的事情。这种疏于照顾让他对自己感觉更糟。在周末,这种模式成天都在重演。他不洗澡,也不换衣服。他简直就是蛰居了。

心理医生与韦伊探讨了他的价值观和目标。尽管内心受到无情的折磨,韦伊还是想过上有朋友和家人,甚至有朝一日有妻子和孩子的生活。他渴望成为那个让他感到被驱逐的世界的一部分。韦伊能看到自己的行为如何与价值观背道而驰,但感到无能为力。

心理医生对此提出了质疑:"目的不是让你与他人在一起时感到不那么焦虑——至少现在不是,"她告诉他,"目的是你即使感到焦虑,也能与他人建立联系。"

"说起来容易做起来难,"韦伊回答。

"这倒是真的,"她说,"这很难做到。这就是为什么我们需要从很小的事情开始。"

然后,心理医生和韦伊头脑风暴能让他重新进入社交世界的方式。首先,他们约定,第二天下班后,当他坐在公寓的沙发上,就给父母发一条简短的短信:"嗨。很抱歉我一直没有联系你们。"韦伊担心这会一发不可收拾。如果父母的短信让他不知所措,他会回复:"我不能继续发短信了,我只是想打个招呼。"在活动日程表上,他会对发短信前后的情绪进行评价。接着,第三天,他会和最好的朋友以及他的兄弟重复这一过程。

另一个约定的活动是在22点停止看电视，去床上睡觉。他的激活任务每天都在增加。在周末的某一天，他会冲个澡，然后换上干净的衣服。在下一个周末，他两天都会洗澡。韦伊努力完成这些活动，虽然有时他会感到很无力。心理医生试图了解其中的阻碍，并共情他的困难。

随着时间的推移，韦伊频繁地给家人和最好的朋友发短信，也更好地照顾自己，他开始感受到更加紧密的联结，甚至感觉到一点点希望。他仍然对自己有无休止的消极想法。他仍有自杀的念头。然而，他并没有让这些想法阻止自己去做那些需要做的事情，去重建生活、重获希望。

参 考 文 献

Ekers, D., Webster, L., Van Straten, A., Cuijpers, P., Richards, D., & Gilbody, S. (2014). Behavioural activation for depression: An update of meta-analysis of effectiveness and sub group analysis. *PloS One, 9*(6), e100100.

Harris, R. (2009). *ACT made simple: An easy-to-read primer on acceptance and commitment therapy.* Oakland, CA: New Harbinger Publications, Inc.

Hayes, S. C., Strosahl, K. D., & Wilson, K. G. (1999). *Acceptance and commitment therapy: An experiential approach to behavior change.* New York, NY: Guilford Press.

Jacobson, N. S., Martell, C. R., & Dimidjian, S. (2001). Behavioral activation treatment for depression: Returning to contextual roots. *Clinical Psychology: Science and Practice, 8*(3), 255-270.

Kanter, J. W., Busch, A. M., & Rusch, L. C. (2009). *Behavioral activation: Distinctive features.* New York, NY: Routledge.

第十四章

自杀未遂后继续生活

技巧77：区分自杀性和非自杀性自伤

"在临床环境中,将非自杀性自伤(non-suicidal self-injury, NSSI)误认为自杀尝试,可能导致不必要的和潜在的医源性住院、不准确的个案概念化和治疗计划以及宝贵的紧急资源分配不当。"

(Klonsky et al., 2013, p.232)

NSSI看起来像是自杀尝试。事实上,许多故意伤害自己的人称这种行为是自杀尝试,即使他们承认自己并不想死(Kessler et al., 2005)。自杀尝试和NSSI之间的关键区别在于行为背后的意图。在自杀尝试中,即使存在相当的矛盾心理,来访者至少有一定程度的死亡意图;而在NSSI中,来访者的目的是在某种程度上感觉更好,而NSSI成了"一种病态的自助形式"(Favazza, 2006, p.2284)。

为了评估自伤究竟是NSSI还是自杀尝试,下面是一些有用的问题。

- 在伤害自己时,你有多想死?
- 在伤害自己时,你想要发生什么?
- 你期望发生什么?
- 如果伤害自己对你有帮助,那么有什么帮助?

自伤的人常常对自己的意图感到困惑（Freedenthal, 2007）。因此，不仅要听来访者说了什么，还要看他们做了什么。自杀意图的客观指标包括：为了不被发现而采取预防措施；在伤害自己后不告诉任何人；为个人事务做最后的安排；写遗书（Beck et al., 1974）。不过，不要太看重没有遗书这个指标，60%~85%自杀死亡的人没有留下遗书（Callanan & Davis, 2009）。

非自杀性自伤和自杀性自伤经常重叠。许多在没有自杀意图的情况下伤害自己的人，在生命中的其他某个时间也曾想过或尝试过自杀（Muehlenkamp, 2014）。即使没有自杀史，NSSI也会增加自杀风险（Wilkinson, 2011）。无论自伤是否具有自杀性质，经常评估自杀风险是必要的。

"它让我平静下来"

在私密的浴室里，15岁的亚历扬德罗（Alejandro）站在浴缸边，准备割腕。他知道这会很痛。他知道人们会想知道为什么。但他不在乎。开始割的最初几分钟确实很疼，但很快就感觉不到疼痛了。他只觉得如释重负。然后他低头看了看自己的手腕。浴缸里的血量让他震惊。他用毛巾裹着手腕，去厨房告诉了妈妈。她立即把他带到医院，医生为他缝合了伤口。

急诊室的社工很关注。她问亚历扬德罗，"当你割腕时，你有多想死？"

"我不想死，"亚历扬德罗说，"我只是想感觉好点。"

他解释说女朋友那天在学校和他分手了，"我止不住地哭，"他说，"当我割伤自己时，它让我平静了下来。我发誓，我不想自杀。"

在完成自杀风险评估并与亚历扬德罗的母亲交谈求证之后，社工相信了他的话。他之前没有任何自杀想法或行为迹象。也没有迹象表明他曾准备结束生命。他似乎没有抑郁或其他精神障碍。

关于安全计划（技巧38），社工帮助亚历扬德罗想出了一些能做的、更安全的事情来缓解情绪痛苦，并找出可以分散注意力和寻求帮助的地

> 点和人。她还推荐了一位心理治疗师。急诊室同意让亚历扬德罗出院，他和母亲一起回家了。

参 考 文 献

Beck, A. T., Schuyler, D., & Herman, I. (1974). Development of suicidal intent scales. In A. T. Beck, H. L. P. Resnik, & D. J. Lettieri (Eds.), *The prediction of suicide* (pp. 45−58). Bowie, MD: Charles Press.

Callanan, V. J., & Davis, M. S. (2009). A comparison of suicide note writers with suicides who did not leave notes. *Suicide and Life-Threatening Behavior, 39*(5), 558−568.

Favazza, A. R. (2006). Self-injurious behavior in college students. *Pediatrics, 117*(6), 2283−2284.

Freedenthal, S. (2007). Challenges in assessing intent to die: Can suicide attempters be trusted? *Omega: Journal of Death and Dying, 55*(1), 57−70.

Kessler, R. C., Berglund, P., Borges, G., Nock, M., & Wang, P. S. (2005). Trends in suicide ideation, plans, gestures, and attempts in the United States, 1990−1992 to 2001−2003. *JAMA, 293*(20), 2487−2495.

Klonsky, E. D., May, A. M., & Glenn, C. R. (2013). The relationship between nonsuicidal self-injury and attempted suicide: Converging evidence from four samples. *Journal of Abnormal Psychology, 122*(1), 231−237.

Muehlenkamp, J. J. (2014). Distinguishing between suicidal and nonsuicidal self-injury. In M. K. Nock (Ed.), *The Oxford handbook of suicide and self-injury* (pp. 23−46). Oxford: Oxford University Press.

Wilkinson, P. O. (2011). Nonsuicidal self-injury: A clear marker for suicide risk. *Journal of the American Academy of Child & Adolescent Psychiatry, 50*(8), 741−743.

技巧78: 确定来访者对幸存的反应

"临床上必须关注来访者对生命延续的看法。"

(Ghahramanlou-Holloway et al., 2012, p.238)

在自杀未遂后要问的所有问题中,最重要的问题之一是"你对还活着有什么感觉?"这个简单的问题能够识别出,在自杀未遂后的几个月或几年内,哪些人死于自杀或再次进行非致命尝试的风险更高。尝试自杀并后悔幸存的人,比那些为活下来而感到高兴的人更有可能死于自杀(Beautrais, 2004; Henriques et al., 2005)。对幸存的矛盾心理也会增加再次自杀的风险(Bhaskaran et al., 2014)。

研究表明,多数在自杀未遂中幸存的人都至少在某种程度上对幸存心存感激。大约35%的人后悔当初的尝试,43%的人持矛盾态度,剩下的22%的人后悔幸存(Henriques et al., 2005)。这么多曾经试图死去的人现在却珍惜生命,这似乎令人费解。尽管证据不一(Pompili et al., 2009),但自杀未遂可能具有某种宣泄作用,使人重新产生活下去的欲望。另一种解释是自杀未遂调动了社会支持(Walker et al., 2001)。他人表达的关心可以帮助减轻被孤立和成为他人负担的感受,使有自杀倾向的人能够怀着新的希望和决心继续前进。

不管出于什么原因,有些人后悔从自杀中幸存,另一些人很高兴还活着,还有一些人介于两极之间。有必要了解哪种立场适用于你的来访者。

> **"我希望我的丈夫从来没有发现过我"**
>
> 55岁的朱亚妮塔(Juanita)蜷缩成一团躺在病床上,呆滞地盯着旁边椅子上的心理医生。心理医生对她前一天晚上的自杀未遂提出了各种各样的问题。朱亚妮塔躺在重症监护室里,平淡而又虚弱地回答了所有的询问——直到下一个问题。

> "那么，你觉得活着怎么样？"他问。
>
> 朱亚妮塔活了过来。她从床上坐起来，看着心理医生的眼睛。"老实说，我很愤怒。我服用那些药片是因为我想死。然后我竟然在医院的病房里醒来，喉咙里插着一根管子。我希望我的丈夫从来没有发现过我。"
>
> "你很清楚，你还想死，"心理医生说，"但你现在还活着，你是否感到一丝高兴？"
>
> 她没有犹豫。"不，真的没有。如果可以，我现在就自杀。但他们给我请了一个护工。"她指了指坐在她房间门口椅子上的护工。"他监视我的一切。再说了，这里真的没有什么可以用来自杀的东西。"
>
> 根据朱亚妮塔最近的尝试、持续的自杀意念以及对幸存感到遗憾，心理医生很清楚朱亚妮塔仍然很危险。他与主治医生沟通，主治医生认可并建议在朱亚妮塔身体状况恢复良好后，就将她转到精神病院住院治疗。

参 考 文 献

Beautrais, A. L. (2004). Further suicidal behavior among medically serious suicide attempters. *Suicide and Life-Threatening Behavior, 34*(1), 1–11.

Bhaskaran, J., Wang, Y., Roos, L., Sareen, J., Skakum, K., & Bolton, J. M. (2014). Method of suicide attempt and reaction to survival as predictors of repeat suicide attempts: A longitudinal analysis. *Journal of Clinical Psychiatry, 75*(8), e802–e808.

Ghahramanlou-Holloway, M., Cox, D. W., & Greene, F. N. (2012). Post-admission cognitive therapy: A brief intervention for psychiatric inpatients admitted after a suicide attempt. *Cognitive and Behavioral Practice, 19*(2), 233–244.

Henriques, G., Wenzel, A., Brown, G. K., & Beck, A. T. (2005). Suicide attempters' reaction to survival as a risk factor for eventual suicide. *American Journal of Psychiatry, 162*(11), 2180–2182.

Pompili, M., Innamorati, M., Del Casale, A., Serafini, G., Forte, A., Lester, D., ... & Girardi, P. (2009). No cathartic effect in suicide attempters admitted to the emergency department. *Journal of Psychiatric Practice, 15*(6), 433–441.

Walker, R. L., Joiner, T. E., Jr., & Rudd, M. D. (2001). The course of post-crisis suicidal symptoms: How and for whom is suicide cathartic? *Suicide & Life-Threatening Behavior, 31*(2), 144–152.

技巧79： 开展行为链分析

"分析自己行为的能力，使我们能够确定是什么导致了行为，又是什么维持了行为。"

（Linehan, 2015b, p.143）

行为链分析将所有问题行为分解为不同的、连续的部分，每个部分代表链条的一环。在自杀的背景下，临床工作者和来访者会详细审查导致自杀危机的想法、情绪、警告信号和事件。链分析可以通过阐明自杀行为的触发因素、功能和强化因素来揭示自杀发生的原因。链分析还可以揭示来访者需要采取哪些不同的行动来避免再次尝试自杀。

在最简单的形式中，行为链分析需要来访者介绍，从触发事件到自杀尝试之间所发生的一系列事件的确切顺序。如果来访者一开始无法确定触发因素，可以请他们从自杀尝试回溯，确定链条中的每一个环节，直到到达急性发作期间，他们第一次想到自杀的节点。

你可以选择借用节目画面的描述："想象一下，我们正在观看发生在你身上的事情，就好像它是一部电影或戏剧。请告诉我们将看到的一切，以及角色在每一步中的想法和感受。"要求来访者的描述尽可能具体。链条中的环节可以是环境中的任何想法、情绪、行为、身体感受或事件（Linehan, 2015a）。关键提示和后续问题可以帮助来访者识别每个可能的环节："在那之后你有什么想法、感受或做了什么？……然后呢？……接下来呢？……"

更正式地说，在辩证行为治疗中，链分析需要来访者完成八个步骤（Linehan, 2015a, pp.21-22）。

- 指定要分析的问题行为。（这里指自杀未遂。）
- 确定引发自杀尝试行为链的事件。
- 解释是什么增加了自杀尝试的易感性。可能包括身体疾病、物质滥用、外部压力事件、强烈的情绪等。
- 详细描述诱发事件到自杀尝试之间的每个环节。
- 分析自杀未遂的后果。
- 确定在每个环节中本可以采取的避免自杀的不同做法。
- 制定策略以减少对自杀行为的易感性。
- 在适用的情况下,注意问题行为的消极后果。

无论是非正式还是正式的行为链分析技巧,最终的结果应该是一样的——带来对以下内容的深刻理解:导致自杀尝试的事件、想法和感受;积极和消极后果;更健康的解决方案的障碍;在未来做出应对的建设性方式。

> **"我开始想到我拥有的止痛药……"**
>
> 44岁的德西蕾(Desiree)在过去的2个月中经常有自杀的想法,但从未付诸行动。周四晚上却不一样了。她好像莫名其妙地突然感觉受到了打击。她必须去做。今晚。15分钟之内,她吞下了一把止痛药。
>
> "详细地跟我说说,好吗?"3天后,精神科医生说,"我想了解导致你服用那些药片的一系列事件的顺序。首先,你认为那天晚上发生了什么让你想要自杀?"
>
> "我不太确定,"德西蕾告诉他,"它只是突如其来。"
>
> "可能很难记住细节,是吗?"精神科医生问,"嗯,在那之前你在做什么?"
>
> "我在看电影,"德西蕾说。
>
> "当时你在哪里?在看什么?"
>
> "我当时在家,坐在沙发上,看《当哈利遇到莎莉》(*When Harry Met Sally*)。"德西蕾停顿了一下,然后哭了起来,"我差点忘了……是她说她8年后……就快40岁的时候。她说到关于最后期限的什么。就像,哦,天哪,如果她到40岁还没结婚,她的人生就完了。"

"那你是怎么想的?"

"我当时想,我44岁了,还是单身。所以我是个失败者。"

"你在回忆和描绘事件上做得非常好,"精神科医生说,"所以你独自坐在沙发上,因为你是单身而认为自己是一个失败者,这真的很痛苦。然后呢?"

"我开始哭。我感到很孤独。既没人爱,也不讨人喜欢,真的,"德西蕾说。

"你当时真的处于黑暗之中。然后发生了什么?"

"我开始想到了我脚踝骨折时留下的止痛药。"

这里有一个缺失的环节。精神科医生坐在椅子上,身体前倾,"感到悲伤和孤独,然后想到吃药,之间发生了什么?"

"我不知道,"德西蕾说,"我想我只是有一个想法:我永远都是这个样子了。没有人会爱我。我的意思是,还没有人这样做过。以后我也会一直是这样。一个孤独的失败者。"

"然后你决定不想成为那样的人?"

"没错,"德西蕾说,"我认为结束它会更好。"

"后来发生了什么?"

随着时间的推移,精神科医生持续提示德西蕾关于接下来的想法、行为或感受的具体细节,德西蕾描述了链条中的不同环节。这些内容提供了基础,让她能够考虑她原本可以在哪些地方抚慰自己、挑战自我对话、寻求帮助或者以其他方式对内心控诉做出不同的反应。行为链分析还揭示了是什么阻碍了德西蕾做这些,以及她将来可以做什么避免再次尝试自杀。

参 考 文 献

Linehan, M. M. (2015a). *DBT skills training handouts and worksheets* (2nd ed.). New York, NY: Guilford Press.

Linehan, M. M. (2015b). *DBT skills training manual* (2nd ed.). New York, NY: Guilford Press.

技巧80: 评估安全计划的不足之处

"请记住,自杀行为的反复出现始终是一个机会,可以调查对特定问题而言,什么是有效、什么是无效的。"

(Chiles & Strosahl, 2005, p.113)

如果尝试自杀的人已经制订了安全计划(技巧38),那么该计划显然达不到要求。它要么缺失了要采取的重要行动,要么包含了难以执行的选择。潜在的障碍包括绝望感、缺乏动力,或者仅仅是不想被阻止。在注意不要表现出责备的同时,设法了解是什么阻碍了来访者遵循安全计划。理想情况下,这种探索将揭示需要如何修改安全计划。

"我已经走到不可挽回的地步了"

20岁的马利克(Malik)写下安全计划后,将其折叠放入钱包中,以随身携带。这是个好计划。它包括可以分散注意力的事情(比如去跑步或观看他最喜欢的喜剧演员的油管视频)以及可以打电话或共度时光的对象。但几周后,自杀的冲动压倒了他,安全计划上的事情他一件也没做。相反,他尝试了自杀。

几天后,大学咨询中心的咨询师向他了解原因,"是安全计划遗漏了什么重要的东西,还是太困难了没法遵循,或者是其他原因?"她问马利克。

"与我正在经历的事情相比,计划中的一切都显得那么微不足道,"马利克说,"当有超级强烈的自杀想法时,在油管上观看路易斯·布莱克(Louis Black)的视频是不能解决问题的。"

"我明白你为什么会有这种感觉,"咨询师说,"这有点像试图用水枪灭火。但是,如果不尝试一下,你也不知道它是否真的有用,对吗?"

"我想没有，"马利克说。

"让我们试一试，假设你尝试了所有方法来分散自己的注意力，但都没有用。接下来的步骤呢，比如打电话给某人或与某人待在一起？计划中的一件事是给我打电话。我想说清楚，我不是在生气或评判你。真的，我很好奇，很想了解。"

"我知道，"马利克说，"老实说，我认为没有人能帮助我。我已经走到不可挽回的地步了。"

"这对我们来说很重要，"咨询师说，"当你感到如此绝望时，有什么能让你更容易给我或其他人打电话呢？"

马利克说，他认为如果提前和母亲及女友谈谈，如果他在自杀危机中给她们打电话，她们应该说和做什么（以及不应该说和做什么），这会有帮助。至于咨询师，他告诉她，他害怕她会违背他的意图把他送进医院。咨询师重申，住院是最后的选择，这是她和他一样希望避免的。相反，她告诉他，她会在电话里和他一起解决问题，告诉他其他抵抗自杀冲动并保持安全的方法。

马利克最终没有改变他的安全计划。这是个好计划。至少就目前而言，改变的是他决心在自杀想法再次出现时执行该计划。

参 考 文 献

Chiles, J. A., & Strosahl, K. D. (2005). *Clinical manual for assessment and treatment of suicidal patients*. Washington, DC: American Psychiatric Publishing.

技巧81： 利用"可教时刻"

"在生活中，还有什么比一个有自杀倾向的人试图在生与死之间做出决定的时刻更有教育意义呢？"

（Quinnett, 2007, p.24）

"可教时刻"是指来访者对改变的接受能力增强的短暂机会窗口（Lawson & Flocke, 2009）。自杀未遂的直接后果通常就是一个这样的时刻。心理学家指出，在自杀尝试中幸存可以"提高个人的情绪状态，增强对与个人选择相关的风险和积极结果的感知，并增加社会角色和自我概念的清晰度，例如'我是丈夫、父亲、儿子'"（O'Connor et al., 2015, p.428）。这种觉察的提高，反过来可以增加改变的动力。

为了利用这个特别有力的时机，奥康纳（O'Connor, 2015）开发了一种干预措施，命名为"可教时刻短期干预"。虽然它强调首先建立融洽关系，并以危机应对计划结束，但干预的核心部分需要深入检查自杀尝试和自杀倾向。

临床医师首先要探究导致来访者尝试自杀的原因，然后是动机。当人们尝试自杀时，死亡往往只是目的之一。其他原因可能包括逃避当下难以忍受的痛苦、向他人传达痛苦或愤怒、控制局面等。检查此人与自杀的关系，可以说明此人对幻想或计划死亡的沉迷程度。

接下来，干预关注幸存者对自杀未遂的积极和消极后果的看法。通常，专业人士只关注消极后果，而没有意识到对方也可能从自杀尝试中获益。注意不要过分关注积极后果，但要设法理解它们。因为这些收获可能强化自杀行为，同时又表明了需要用健康的方式来解决问题，以达到相同的结果。

在帮助来访者制订危机应对计划（即安全计划；见技巧38）后，"可教时刻短期干预"将要结束时，治疗师需要总结要点，并将关注拉回当下。传达未来选择的重要性，并提供相关信息和推荐。奥康纳（O'Connor, 2015）写道:"将这种情况视为要么是垫脚石,要么是墓碑,以此强调来访者的选择"(p.11)。

"可教时刻短期干预"已被初步证明有效。在一项随机对照试验中,接受干预的被试比对照组被试在改变意图和生存理由方面有更多的改善(O'Connor et al., 2015)。无论是使用针对可教时刻的正式干预,还是以不那么结构化的方式探索自杀未遂的后果,都是时候抓住机会实现持久改变了。

> **"有什么收获吗?"**
>
> 为了检查自杀未遂的得失,奥康纳(O'Connor, 2015)举了一个故意过量服药后入院的来访者的例子,他感叹自己可能会因自杀未遂而失去住所。临床工作者进行了共情,然后开始探究关键信息:"我想知道,从你的角度来看,还失去了什么,又得到了什么。"来访者把对友谊的伤害描述为另一种损失。临床工作者继续问:"有什么收获吗?"来访者说,自杀尝试暂时缓解了心理痛苦。经过反思,来访者认为失去的远远多于得到的,这种认识唤醒了改变的动力。

参 考 文 献

Lawson, P. J., & Flocke, S. A. (2009). Teachable moments for health behavior change: A concept analysis. *Patient Education and Counseling, 76*(1), 25–30.

O'Connor, S. S. (2015). The teachable moment brief intervention. Unpublished manuscript. University of Louisville.

O'Connor, S. S., Comtois, K. A., Wang, J., Russo, J., Peterson, R., Lapping-Carr, L., & Zatzick, D. (2015). The development and implementation of a brief intervention for medically admitted suicide attempt survivors. *General Hospital Psychiatry, 37*(5), 427–433.

Quinnett, P. (2007). *QPR gatekeeper training for suicide prevention: The model, rationale and theory. Spokane*, WA: QPR Institute.

技巧82: 关注治疗关系

"在来访者自杀未遂后重新建立治疗联盟可能会特别具有挑战性，因为这种尝试会引起使关系紧张的情绪反应。"

(Cureton & Clemens, 2015, p.355)

自杀未遂的后果会让你和来访者释放出许多情绪。专业人士的常见反应包括愤怒、怀疑、内疚、悲伤、紧张、无助、背叛和自我怀疑（Scocco et al., 2012）。来访者也可能对专业人士怀有负面情绪。他们可能会责怪你未能帮助他们康复并阻止他们的自杀尝试；或者，他们可能害怕你表现出愤怒或失望。

处于帮助关系的双方的这些情绪反应会威胁到治疗联盟。应探索来访者对你和治疗联盟的感受。如果来访者透露出消极反应，请做出非防御性回应，并保持好奇的态度。

有时，专业人员对来访者自杀尝试的消极反应会导致他们拒绝来访者（Ramsay & Newman, 2005）。例如，一些临床工作者认为自杀尝试表明治疗无效，他们会要求来访者换个医生。这些临床工作者在做出这个决定时可能是出于善意，但通常情况下他们只是害怕。他们不希望在自己的治疗期内发生自杀事件。如果结束治疗，问题就解决了——对他们来说是的，但对来访者来说不是。

自杀尝试不足以成为专业人士单方面终止治疗的理由。心理学家识别了三种情况（Ramsay & Newman, 2005），在这三种情况下，临床工作者在来访者尝试自杀后终止治疗是合乎道德和情理的：(1) 新的临床信息表明来访者需要不同的或更大强度的治疗类型，例如药物治疗，而当前的临床工作者无法提供；(2) 自杀尝试代表了一种"不健康地依赖特定治疗师"（p.415）的行为模式，结果是来访者的状态变得更糟；(3) 来访者做过威胁临床工作者安全的事情。即使存在终止治疗的合法需要，也一定要找到新的医生或机构，确保来访者尽快就医，以避免抛弃来访者。

幸运的是，在多数情况下，都没有必要在自杀未遂后结束治疗关系（Ramsay & Newman, 2005）。尽管如此，为了增强你和有自杀倾向的来访者对治疗过程的信任，治疗计划和治疗的基本规则可能需要进行一些修改。提出新的期望，例如，要求对方允许你与他们的重要他人交谈，即使他们之前拒绝过；或者坚持让来访者更确实地接受治疗。

在恢复治疗时，管理你的情绪反应的一个重要步骤就是觉察它们（技巧4）。与同事或顾问咨询师谈论你的愤怒、恐惧或其他情绪（技巧43）。根据上下文和内容，只有当目的是满足来访者的需求而不是你的需求时，与来访者分享你的反应才是合适的（如，"你的自杀尝试吓到我了。我关心你，想看到你好起来，而不是死去。自杀尝试让你有多害怕？"）共情和接纳的态度可以加深幸存者对你的信任，并为他们提供一个可以拓展到他们身上的榜样。

"你想让我别再进治疗室了是吗？"

在回忆录《清醒》中，特里·怀斯（Terry Wise, 2012）痛苦地讲述了过量服药几乎致死的情景。她的心理医生贝齐·格拉泽（Betsy Glaser）描述了当特里告诉她这件事时她的反应：

> 当特里告诉我她曾试图自杀时，整个世界都变白了。在我受到冲击的那一刻，我被情绪冲昏了头脑。我所有的情绪都变得无比强烈——愤怒、无能、悲伤、担忧——在特里离开我的办公室很久之后，它们还在我耳边嗡嗡作响。
>
> （Glaser, 特里·怀斯引述, 2012, p.233）

与此同时，特里也害怕被治疗师拒绝和斥责。"你想让我别再进治疗室了是吗？"她问格拉泽博士。特里继续写道：

> 我打起精神，等着她告诉我我们之间的信任已经无可挽回地毁坏了，她不能再治疗我了。

> "你真的认为自己那么一文不值吗?"
>
> "是的,"我低声说,对她的回答感到震惊……我永远不会忘记那份笃定的暗示:我仍然对她有价值。
>
> (p.126)
>
> 这段原始的会谈材料,以及格拉泽博士对反应的描述,捕捉到了在自杀未遂后专业人士和幸存者可能出现的情绪动荡。这更说明需要以接纳和慈悲的态度来回应幸存者。

参 考 文 献

Cureton, J. L., & Clemens, E. V. (2015). Affective constellations for counter-transference awareness following a client's suicide attempt. *Journal of Counseling & Development, 93*(3), 352−360.

Ramsay, J. R., & Newman, C. F. (2005). After the attempt: Maintaining the therapeutic alliance following a patient's suicide attempt. *Suicide and Life-Threatening Behavior, 35*(4), 413−424.

Scocco, P., Toffol, E., Pilotto, E., & Pertile, R. (2012). Psychiatrists' emotional reactions to patient suicidal behavior. *Journal of Psychiatric Practice, 18*(2), 94−108.

Wise, T. L. (2012). *Waking up: Climbing through the darkness*. N.P: The Missing Peace, LLC.

技巧83： 处理自杀未遂的创伤

"请记住，在自杀中幸存的人逃脱了一场未遂的谋杀。"

(Maltsberger et al., 2011, p.672)

自杀尝试显然是对来访者生命的威胁。经历这种针对自我的暴力会导致创伤后反应。尽管很少有研究涉及该主题，但一项小型研究发现，46%的自杀未遂者因尝试自杀而经历了创伤后应激障碍（post-traumatic stress disorder, PTSD）（Bill et al., 2012）。除了对身体的生理暴力外，导致自杀尝试的内部经历也可能是创伤性的。

为了处理这种创伤，关于创伤常见反应的基础教育可以帮助幸存者理解他们的心境、情绪和行为。教育包括人们遭受的苦难的创伤性质、创伤可能带来的身体和情绪损害以及可能引发的过去的创伤。与来访者一起检查DSM（American Psychiatric Association, 2013）中的PTSD的标准，可以看到这些反应是多么普遍。

有许多基于证据的创伤干预措施可以借鉴，例如聚焦创伤的认知行为治疗、延长暴露疗法（prolonged exposure therapy）、眼动脱敏与再加工疗法（eye movement desensitization and reprocessing therapy, EMDR）。这些策略超出了本书介绍的范围。但总之，在自杀未遂的背景下，有必要认识到创伤治疗可能是必要的。

"我应该好起来的"

几乎每个晚上，法蒂玛（Fatima）都会经历同样的恐惧。她站在三层停车场的顶层，害怕撞到下面的人行道上的感觉。有时会有陌生人推她。有时一阵狂风将她吹倒。有时她会自己跳下去。每次，她都会在身体落地前从噩梦中惊醒，但导致梦魇的恐惧本身就让她难以忍受。

> 这些梦让法蒂玛难堪。"我很软弱,"她告诉咨询师,"我应该好起来的。"她今年20岁。自从她从大学校园停车场的四楼跳下并摔断双腿以来,已经7个月了,她需要反复接受手术,她的骨头上留有金属板和螺钉。
>
> 咨询师对她进行了关于创伤后应激的教育,强调身心对创伤的反应不是她能控制的。也就是说,噩梦不是"软弱"的结果。这不是她的错。他根据DSM的标准评估了她的症状,发现除了在噩梦中重新体验自杀未遂的创伤外,她还经历了回避、过度警觉以及与创伤相关的认知和情绪变化。咨询师认为法蒂玛能从EMDR中受益。他没有接受过这种疗法的培训,因此将她转介给一位同事进行辅助治疗。他将继续为法蒂玛治疗,并与EMDR治疗师保持联系,了解他们的治疗进程。他希望法蒂玛很快能安然入睡,不再重新体验差点死去的那一天。

参 考 文 献

American Psychiatric Association. (2013). *Diagnostic and statistical manual of mental disorders* (DSM-5). Washington, DC: American Psychiatric Publishing.

Bill, B., Ipsch, L., Lucae, S., Pfister, H., Maragkos, M., Ising, M., & Bronisch, T. (2012). Attempted suicide related posttraumatic stress disorder in depression: An exploratory study. *Suicidology Online, 3*, 138-144.

Maltsberger, J. T., Goldblatt, M. J., Ronningstam, E., Weinberg, I., & Schechter, M. (2011). Traumatic subjective experiences invite suicide. *The Journal of the American Academy of Psychoanalysis and Dynamic Psychiatry, 39*(4), 671-693.

技巧84: 探索羞耻和污名化

"传统社会文化理解中的自杀是行为异常、精神错乱和整体诚信问题的表现，受这些观念的影响，道德话语将自杀行为构建为个人失败的标志。"

(Bennett et al., 2003, p.294)

想到自杀的人通常会因此感到羞耻（如Ganzini et al., 2013）。在自杀未遂后，这些感觉甚至会变得更加明显。感觉自己是失败者的幸存者并不少见，无论是指尝试自杀还是指活了下来 (al., 2013)。许多人还因失去控制而感到羞耻和内疚。"如果你试图自杀，那么，你就是个失败者……"一位自杀幸存者说（引自Vatne & Nåden, 2012, p.309）。

一些自杀幸存者对自己的负面评价也反映出了他人的偏见。例如，研究人员询问本科生，他们是否愿意与去年曾尝试自杀的人约会（Lester & Walker, 2006）。一半的学生拒绝了。许多因受伤而接受医院治疗的自杀幸存者遭遇了医生、护士和其他医院工作人员的敌意、轻蔑的态度（Saunders et al., 2012）。在一项研究中，一名自杀幸存者讲述了他在一次自杀未遂后需要输血，而医生告诉他"'我在浪费血液，这些血液本来是为做手术的患者或事故受害者准备的。'他问我是否为我所做的事感到自豪……"（Brophy, 2006, p.50）。

自杀幸存者体验到的羞耻会造成恶性循环。甚至在自杀尝试发生之前，羞耻感就会促进自杀尝试行为（Wiklander et al., 2012）。自杀未遂会产生更多的耻辱感，进而增加再次自杀的风险。这使得探究和解决自杀未遂特有的羞耻感变得尤为重要。

"我太蠢了"

在尝试自杀后的几天里,维克托(Viktor)躲了起来。他请了病假。他拒绝接母亲和兄弟们的电话。他差点没去与治疗师的预约会谈,但直觉迫使他去了。在探讨了他自杀未遂的各个方面之后,治疗师,也是临床社工,说:"一些自杀未遂的人会因为自杀行为而感觉糟糕。你也是这样吗?"

59岁的维克托用双手捂着脸,泣不成声,"是的,这只会让事情变得更糟。我太蠢了,"他说,"老实说,承认这一点很难。但我很羞愧。"

这为探索维克托因自杀未遂而产生的消极判断打开了大门。治疗师反思性地倾听,认可了他的情绪,并表达了共情。在真正理解了之后,她要求维克托考虑,他是否会责怪那些患有肺炎、癌症或其他"身体"疾病的人。他说不会。

"你有理由将自杀归咎于自己,而不是疾病吗?"她问,暗指他长期患有的双相情感障碍。

"我从来没有那样想过,"他说。

"让我再问你一个问题。你爱并且关心你的伴侣。如果他患有双相情感障碍,并在他抑郁和受伤时尝试自杀,你会责怪他吗?"

"不,"维克托说,"我明白你的意思了。我会告诉他这不是他的错。"

这有助于维克托将责任归咎于疾病,而不是自己。他仍感觉羞愧,但可以反驳它。接下来的一周,他告诉治疗师,"我告诉自己,这不是我的错。都怪双相情感障碍。然后,这就是我所做的。"

参 考 文 献

Bennett, S., Coggan, C., & Adams, P. (2003). Problematising depression: Young people, mental health and suicidal behaviours. *Social Science & Medicine, 57*(2), 289–299.

Brophy, M. (2006). *Truth hurts: Report of the National Inquiry into Self-harm among young people: Fact or fiction?* London: Mental Health Foundation. Retrieved January 30, 2017.

Ganzini, L., Denneson, L. M., Press, N., Bair, M. J., Helmer, D. A., Poat, J., & Dobscha, S. K. (2013). Trust is the basis for effective suicide risk screening and assessment in veterans. *Journal of General Internal Medicine, 28*(9), 1215–1221.

Lester, D., & Walker, R. L. (2006). The stigma for attempting suicide and the loss to suicide prevention efforts. *Crisis: The Journal of Crisis Intervention and Suicide Prevention, 27*(3), 147–148.

Saunders, K. E., Hawton, K., Fortune, S., & Farrell, S. (2012). Attitudes and knowledge of clinical staff regarding people who self-harm: A systematic review. *Journal of Affective Disorders, 139*(3), 205–216.

Vatne, M., & Nåden, D. (2012). Finally, it became too much: Experiences and reflections in the aftermath of attempted suicide. *Scandinavian Journal of Caring Sciences, 26*(2), 304–312.

Wiklander, M., Samuelsson, M., Jokinen, J., Nilsonne, Å., Wilczek, A., Rylander, G., & Åsberg, M. (2012). Shame-proneness in attempted suicide patients. *BMC Psychiatry, 12*(50), 1–9.

第十五章

培养复原力

技巧85: 预警复发的可能性

"一旦自杀想法成为抑郁的一个特征,那么每当悲伤情绪再次出现,它们就可能被重新激活。"

(Sakinofsky, 2010, p.299)

对许多人来说,自杀的想法来自一扇门——这扇门一旦打开就再也不会完全关闭。即使在康复之后,曾经想到过自杀也会使人容易再次产生自杀想法。例如,在一项针对男孩和年轻男性的20年的纵向研究中,1年内有自杀意念的人中,只有1/3没有再报告过自杀想法(Kerr et al., 2008)。更糟糕的是,那扇门打开得越多,自杀想法就越容易重新出现(Rudd, 2000; Lau et al., 2004)。

为了帮助来访者做好准备,请温和地让他们知道,有时——并非总是——自杀想法会再次出现。向来访者预警复发的可能性,可以让他们在自杀想法再次出现时,自然地制定应对策略。这样的讨论也可以帮助来访者抵御失败的感受。

即便如此,也不要描绘出悲观的景象。并不是每个从自杀危机中恢复过来的人都会再次陷入困境。发现自己再次陷入危机的人,通常会拥有新的知识和工具来帮助他们渡过难关。这就是帮助来访者回顾经验、巩固收获和思考在复发时应该做什么很重要的原因之一,而这些也是接下来的两个技巧的主题。

"你认为我会再次崩溃"

16岁的安娜贝勒(Annabelle)花了4个月的时间才重新想要活着。那4个月简直就是"地狱",现在她害怕再次回到脑海中那个可怕的地方。因此,当精神科医生对她说,"这可能不会发生在你身上,但如果再次陷入悲伤或抑郁的境地,有些人的自杀想法确实会再次出现。"她感到非常震惊。

"最好不要发生在我身上,"安娜贝勒说,"我永远也不想有那种感觉了。永远。"

"好吧,让我们谈谈,"精神科医生说,"你现在比4个月前坚强了很多。你学到了很多。接下来我想做的是,回顾你学到的东西,以及如果自杀想法再次出现,可以有哪些不一样的做法。"

"但听起来像是你认为我会再次崩溃,"安娜贝勒说。

"不是这样的,"精神病医生说。他停顿了一会儿,思索着该说些什么。"你以前坐过飞机吗?"

安娜贝勒点点头。

"你记得乘务员会告诉你,万一发生事故,如何使用氧气面罩和漂浮装置吗?这并不意味着乘务员认为飞机会坠毁。他们希望乘客知道,如果发生这种情况该怎么办。这就是我想要告诉你的。"

这个比喻对安娜贝勒来说很有意义,也给了她一些安慰。她知道她的飞机不是一定会坠毁,但如果坠毁了,她应该知道如何才能活下来。

参 考 文 献

Kerr, D. C., Owen, L. D., Pears, K. C., & Capaldi, D. M. (2008). Prevalence of suicidal ideation among boys and men assessed annually from ages 9 to 29 years. *Suicide and Life-Threatening Behavior, 38*(4), 390–402.

Lau, M. A., Segal, Z. V., & Williams, J. M. G. (2004). Teasdale's differential activation hypothesis: Implications for mechanisms of depressive relapse and suicidal behaviour. *Behaviour Research and Therapy, 42*(9), 1001–1017.

Rudd, M. D. (2000). The suicidal mode: A cognitive-behavioral model of suicidality. *Suicide and Life-Threatening Behavior, 30*(1), 18–33.

Sakinofsky, I. (2010). Evidence-based approaches for reducing suicide risk in major affective disorders. In M. Pompili & R. Tatarelli (Eds.), *Evidence-based practice in suicidology* (pp. 275–316). Göttingen: Hogrefe.

技巧86： 回顾经验

"在有过重大生活挑战的人的经历中，一个共同的主题是对幸存和获胜的能力感增强。"

（Tedeschi et al., 2015, p.503）

生活往往是一位残酷的教师，但从生活中吸取的教训是有价值的。为了帮助巩固这些新知识，精神病学家奇利斯和心理学家斯特罗萨尔（Chiles & Strosahl, 2005）建议指导来访者制订"自杀预防计划"，在该计划中，来访者会反思各种问题，以防危机再次发生（p.126）。

- "来年我最重要的目标有哪些？"
- "我预计来年会有哪些压力，包括一直存在的和新出现的，我打算如何应对这些压力？"
- "到目前为止，我在治疗中学到的最有价值的想法有哪些，我打算如何记住它们？"
- "我在治疗中学到的最有价值的应对策略有哪些，我打算如何以及何时使用它们？"
- "可能会出现哪些妨碍使用这些应对策略的障碍，我将如何克服这些障碍（如，太累了无法应对；因为遇到问题而自责）？"

奇利斯和斯特罗萨尔的"自杀预防计划"本质上是一种反思或非正式对话。下一个技巧描述了一种耗时更多并且更具深度和结构性的复发预防方案（Wenzel et al., 2009）。

> ### 保险杠贴纸的智慧名言
>
> 45岁的建筑工人格斯（Gus）从最近与自杀想法的斗争中学到了一件事：他可以忍受无法估量的痛苦，然后走出困境。5个月前，他差点自杀身亡。现在，他有了新的希望、稳定性和应对技能，他很感激自己还活着。他期待与3岁的侄子共度时光，照看他的花园，并带着他的伯尔尼兹山地犬在绿树成荫的社区和附近的蓝岭山脉散步。他知道生活不会像魔法般一帆风顺。他需要保持警惕，留意他的宿敌——抑郁——卷土重来的迹象。这意味着要留心失眠、易激怒和对自己缺点的强迫性思维的复发。如果发生这些情况，他会将它们视为要更好地照顾自己的信号：为可能的药物调整去见精神科医生、多运动、吃得更好、与朋友接触。如果自杀想法再次出现，他会回顾应对陈述、翻阅希望箱、重新阅读生存理由清单，并且，以防万一，拿出安全计划。最重要的是，他会提醒自己学到的重要一课——他第一次在保险杠贴纸上看到的精辟建议："如果你正在穿过'地狱'，请继续前进。"

参 考 文 献

Chiles, J. A., & Strosahl, K. D. (2005). *Clinical manual for assessment and treatment of suicidal patients*. Washington, DC: American Psychiatric Publishing.

Tedeschi, R. G., Calhoun, L. G., & Groleau, J. M. (2015). Clinical applications of post-traumatic growth. In S. Joseph (Ed.), *Positive psychology in practice: Promoting human flourishing in work, health, education, and everyday life* (2nd ed.; pp. 503–518). Hoboken, NJ: John Wiley & Sons.

Wenzel, A., Brown, G. K., & Beck, A. T. (2009). *Cognitive therapy for suicidal patients: Scientific and clinical applications*. Washington, DC: American Psychological Association.

技巧87： 完成复发预防方案

"复发预防方案是专门为有自杀倾向的来访者制定的，旨在向治疗师和他们自己证明他们可以成功地应用在治疗中获得的技能。"

（Wenzel & Jager-Hyman, 2012, p.128）

复发预防方案涉及一系列引导性意象练习，在这些练习中，可以引导来访者详细描述三种不同的情况（Wenzel et al., 2009）。

- 尝试自杀或自杀倾向最严重的情况。
- 在同样的情况下，根据后来的经验，明确本可以采取的不同的做法。
- 未来可能再次出现自杀想法的情况，设想将如何运用新的应对技巧。

重新审视引发自杀冲动的情境或内心状态可能会使来访者感到不安，这是可以理解的。这就是为什么在引导式想象练习开始之前，应该向来访者描述这个过程，解释理由，向来访者保证你会帮助他们渡过这一关，并在明确征求他们的同意后再继续前进（Wenzel et al., 2009）。一起解决如果来访者在复发预防练习中恶化了该怎么办的问题。例如，一种选择是休息一下。另一种选择是停止回顾之前的危机，只关注假设的未来危机。有些人选择不参加复发预防方案。如果来访者拒绝，那么可以用非正式的方式一起审查来访者能够应用于未来危机的应对技能和知识（技巧86）。

开始第一个引导式想象时，要求有自杀倾向的人生动地叙述导致最近自杀尝试或自杀危机的事件、想法和情绪，使用现在时，就好像它正在发生一样。下面是一个自杀未遂者的例子。

现在我想让你闭上眼睛，想想你尝试自杀的那天。我想让你想象一下事件发生之前的时间点，那个时间点似乎引发了导致尝试的一系列事件。想象一下那天发生的事情,向我描述这些事件以及你的反应,就像在看一部关于你自己的电影一样。

(Wenzel et al., 2009, p.204)*

与行为链分析(技巧79)类似,引导式想象练习要求从来访者身上唤起非常具体和情感丰富的记忆。提问使用现在时态,但适用于记忆中的事件:"然后发生了什么?""接下来你在做什么?""你的脑海里闪过什么想法?""你有什么情绪?"

第二个引导式想象练习与第一个非常相似,不同的是这次来访者需要在心里演示如何运用学到的技能和洞察力。可以通过各种问题提示来访者调用这些技能:"想象一下你现在正在考虑其他选择。那可能是什么?""想象一下自己现在正在使用安全计划。它怎么说?""你还可以怎样解决这个问题?"(Wenzel et al., 2009, p.207)**。要求来访者预测使用新技能和安全计划的障碍,并描述他们将如何绕过这些障碍。

最后,在第三个引导式想象练习中,来访者需要确定可能出现的压力场景,并描述如果自杀冲动出现,自己将如何安全地抵制它们。再次询问来访者使用新的应对技巧的可能性有多大,并邀请来访者头脑风暴如何增加这种可能性。

在每次引导式想象练习之后,探究来访者的情绪,不仅针对自杀事件和对该事件的重新体验,还针对再次陷入自杀危机的可能。这也是评估当前自杀意念的时机。如果完成复发预防方案会对来访者的稳定性造成严重损害,或暴露出需要开展更多工作的区域,则治疗计划应当做出相应改变。或者,来访者利用应对技巧的能力可以帮助你决定,是将治疗重点从自杀预防转移到其他主题,还是完全结束治疗。

---

* 见简体中文版《自杀患者的认知治疗》第206页。——译者注

** 见简体中文版《自杀患者的认知治疗》第210页。——译者注

旧痛苦，新领悟

82岁的拉杰（Raj）感到紧张。他并不是特别想"去那里"——重温在养老院的那个晚上，当时他从梳妆台抽屉里的黑色袜子里取出藏匿的安眠药，并全部吞下。医院的社工说可以帮到他，他信任她，就照办了。他的紧张是有根据的：逐一描述那天晚上的经历确实令人心烦意乱。他的内心深处感受到了当时那种压倒性的绝望：被困在养老院里，想念结婚49年的妻子，没有什么盼头的感受。在重温那些感受的过程中，他也看到了当时自己思维的漏洞。他认识到自己的感受不一定是事实，如果有真实的部分，他也可以用正念观察自己的痛苦，向其他住户或工作人员寻求帮助，并提醒自己生存理由。他认为他能对其他住户有用。他可以帮助他们，倾听他们，为那些没有固定访客的人服务。尽管他的生命已接近尽头，失去了妻子、家和独立的能力，但他坚信自己的生命仍然有意义。他的应对陈述反映出："你还在这里是有原因的。""生命就是要活着。""在死亡到来之前安心等候。"通过提醒自己这些基本事实，向工作人员寻求帮助，像念咒语一般重复应对陈述，他得以忍受深夜独自待在房间里时会再次出现的令人害怕的绝望，并且活下去。

参 考 文 献

Wenzel, A., & Jager-Hyman, S. (2012). Cognitive therapy for suicidal patients: Current status. *The Behavior Therapist, 35*(7), 121–130.

Wenzel, A., Brown, G. K., & Beck, A. T. (2009). *Cognitive therapy for suicidal patients: Scientific and clinical applications.* Washington, DC: American Psychological Association.

技巧88: 给自杀的自己写一封信

"写封富有慈悲心的信是一种极其强大、情感丰富且有益的练习。"

（Welford, 2013, p.197）

危机期间来之不易的智慧是不稳定的。人们经常会遗忘。然后，如果出现新的危机，他们可能会发现自己再次被困在黑暗中，无法回忆起他们保持希望和拒绝自杀的所有理由。一封写给未来自己的富有慈悲心的信可以帮助他们记住（Overholser, 1998）。即使来访者再也没有看过这封信，写信的行为也可以成为一种治疗练习。如果来访者确实在黑暗时期再次阅读了这封信，将有希望想起他们视野之外的光。

信件的内容取决于来访者的想象力，但如果他们需要关于包含哪些内容的建议，以下是一些想法（供参考）。

- 来访者好不容易才了解到的关于如何渡过自杀危机的真相；
- 心怀希望和生存理由；
- 来访者具有的，常常在危机中变得模糊不清的长处和其他优点；
- 关于如何活着渡过危机的建议。

"我依然在这里，那个健康的你"

亲爱的你：

如果你再次想要自杀，你一定伤得很重。你曾来过这个黑暗的地方。每一次，你都以为你出不去了。然后你出来了。每次都是。你对此很感激。

这个最后一次，你有重要的发现。你发现你不需要完美，你可以是"足够好"。你发现你能观察情绪和想法，它们就像是天气一样，总是在变化，而你不需要控制或摆脱它们。你发现人们确实关心你，即使你看起来除了像一个负担之外什么都不是。

> 你记得你有很酷、很重要的生存理由：你喜欢旅行。你想去看加拿大的北极光、夏威夷附近的座头鲸、马丘比丘的印加遗址。你喜欢阅读，即使现在因为难以集中注意力而无法阅读，你也会再次阅读。你爱你的家人和朋友。你可能会觉得他们现在不关心你，或者没有你他们会过得更好。但请记住，当你抑郁时，你的思想是一个残酷的骗子。
>
> 你值得活着。你聪明、风趣、有爱。你通过护士工作帮助孩子们。你真的是一个好人。
>
> 我依然在这里，那个健康的你。那个想要活下去的你。有时我在黑暗中，你看不见。但我一直都在。请记住这一点。

虽然上面这封信很长、很真诚，但写给自杀的自己的信可以是任何形式。它可以是短的，也可以是长的；可以是有趣的，也可以是悲伤的；可以是诗意的，也可以是务实的。除了自我辱骂的情况外，没有对错之分。

> **"不要相信它"**
>
> 嘿，吉米（Jimmy）。别做傻事好吗？你以前克服过这种经历，现在的你仍然可以。只要记得祈祷、参加AA的会议、吃药、去见医生、照顾好自己。当想法告诉你没有希望、永远不会感觉好起来时，不要相信它。那全是废话。当想法告诉你要继续前进永不放弃时，请相信它！

参 考 文 献

Overholser, J. C. (1998). Cognitive-behavioral treatment of depression, part X: Reducing the risk of relapse. *Journal of Contemporary Psychotherapy, 28*(4), 381–396.

Welford, M. (2013). *The power of self-compassion*. Oakland, CA: New Harbinger Publications.

技巧89: 随访

"系统的随访接触会让来访者有一种被看到和听到的感受。"

(Fleischmann et al., 2008, p.707)

这个想法非常简单：在5年里，每隔几个月向出院患者发送简短的"关怀信"，看看这些小信件是否有助于防止自杀。有研究者（Motto & Bostrom, 2001）在针对843名因抑郁或自杀而住院的人进行的随机对照试验中就这样做了。一半的人收到后续信件，另一半的人没有。该研究对两组患者进行了长达15年的随访，并比较了他们随时间推移的自杀率。

研究结果在出院后2年最为显著。与收到信件的人（1.8%）相比，无联系组中死于自杀的人数比例（3.5%）几乎是其2倍。随着时间的推移，收到信件的人的自杀率仍然较低，尽管没有达到统计学显著的程度，直到第14年，两组的自杀率变得相同。尽管如此，出院后2年的巨大差异仍然令人印象深刻，因为那也是自杀的高风险时期。

随后的干预研究试图通过在治疗结束后与来访者保持某种形式的接触，来达到自杀或自杀尝试减少的类似目的。根据对12项此类研究的综述，接受过一些交流的人的自杀率是没有接受交流的人的60%（Milner et al., 2015）。这些结果在统计上并不显著，因此较低的比值可能是巧合。

但至少对某些人来说，这些信件提供了一种联系感。可参考研究参与者的反馈（Motto & Bostrom, 2001, p.832）："你们永远不会知道你们的小便条对我而言意味着什么。我坚信有人关心我，即便我的家人把我赶了出去。我真的很感激。"另一位参与者写信给研究小组："你们的留言给我一种温暖、愉快的感觉。仅仅是知道有人在乎，就已经很有意义了。"

值得注意的是，一项研究考察了通过电子邮件和邮政信件进行随访的不利影响，结果没有任何发现（Luxton et al., 2012）。综上，有证据表明简短的信件可以帮助预防自杀,而且没有证据表明它们有害,因此专业人士似乎有理由在治疗结束后至少偶尔表达对来访者的关心。

如果选择保持某种随访联系,请确保来访者同意这个计划。在摄入性文件中,可以请新来访者表明是否可以在治疗结束后联系他们。要求他们确认可接受的通信方式也很重要,一般包括短信、电子邮件、电话或普通邮件。在摄入性表格中,请注明来访者始终可以选择不接受联系。

一封电子邮件可能很简单,比如,"[姓名]你好,我很想告诉你,我希望你一切顺利。如果你愿意,请随时告诉我你过得怎么样。"结束通信的最佳时间和方式仍有待确定。在一项正在进行的研究中,最终的电子邮件陈述为:

"这是我们发给你的最后一封正式电子邮件,我们希望你喜欢这段时间里收到的小便条。正如上一封邮件中说的那样,这对我们来说是一件很快乐的事情,我们时不时给你写几句话,让你知道我们真的很关心你,并希望你过得很好。如果你想写信告诉我们这些年来你过得怎么样,我们也很高兴收到你的来信。"

(Luxton et al., 2014, p.257)

"请记住,我始终在这里……可以交谈"

79岁的比特丽斯(Beatriz)在自杀未遂后的几个月里,每周都与一位咨询师会谈。咨询师帮助她应对伴侣在车祸中身亡的悲痛情绪。同时,药物也有帮助。13次治疗后,一种接纳感,甚至是希望感,取代了自杀冲动,比特丽斯因此结束了治疗。1个月后,比特丽斯收到了咨询师寄来的卡片。"你好,比特丽斯,"咨询师手写了这张卡片,"我想和你联系,看看你过得怎么样。请记住,我始终在这里,如果需要,你随时可以找我交谈。无须回复,但如果你愿意,请随时回复。"比特丽斯很惊讶。她原以为,自己再也不会麻烦咨询师了,会让咨询师感觉如释重负。知道被关心让她感觉很好。她觉得不需要回复,6个月后她又收到了一张这样的便条。此后,

> 每年她生日那天，咨询师都会寄来一张卡片。她再也没有回去看过他，但她知道咨询师还记得她、关心她，这让她感到安慰。

参 考 文 献

Fleischmann, A., Bertolote, J. M., Wasserman, D., De Leo, D., Bolhari, J., Botega, N. J., ... & Schlebusch, L. (2008). Effectiveness of brief intervention and contact for suicide attempters: A randomized controlled trial in five countries. *Bulletin of the World Health Organization, 86*(9), 703−709.

Luxton, D. D., Kinn, J. T., June, J. D., Pierre, L. W., Reger, M. A., & Gahm, G. A. (2012). Caring letters project: A military suicide-prevention program. *Crisis, 33*(1), 5−12.

Luxton, D. D., Thomas, E. K., Chipps, J., Relova, R. M., Brown, D., McLay, R., ... & Smolenski, D. J. (2014). Caring letters for suicide prevention: Implementation of a multisite randomized clinical trial in the U.S. military and veteran affairs healthcare systems. *Contemporary Clinical Trials, 37*(2), 252−260.

Milner, A. J., Carter, G., Pirkis, J., Robinson, J., & Spittal, M. J. (2015). Letters, green cards, telephone calls and postcards: Systematic and meta-analytic review of brief contact interventions for reducing self-harm, suicide attempts and suicide. *The British Journal of Psychiatry, 206*(3), 184−190.

Motto, J. A., & Bostrom, A. G. (2001). A randomized controlled trial of postcrisis suicide prevention. *Psychiatric Services, 52*(6), 828−833.